THE WORLD BANK

水资源管理与开发利用中的环境流量研究

[美] Rafik Hirji　Richard Davis　著

黄伟　刘晓波　彭文启　张仲伟　译

Environmental Flows in Water Resources Policies, Plans, and Projects

U0238600

www.waterpub.com.cn

·北京·

图书在版编目（CIP）数据

水资源管理与开发利用中的环境流量研究 / （美）拉菲克·希尔吉（Rafik Hirji），（美）理查德·戴维斯（Richard Davis）著；黄伟等译. -- 北京：中国水利水电出版社，2018.12

ISBN 978-7-5170-7281-2

Ⅰ. ①水… Ⅱ. ①拉… ②理… ③黄… Ⅲ. ①水资源管理－研究②水资源开发－研究③水资源利用－研究

Ⅳ. ①TV213

中国版本图书馆CIP数据核字（2018）第298085号

书　　名	水资源管理与开发利用中的环境流量研究 SHUIZIYUAN GUANLI YU KAIFA LIYONG ZHONG DE HUANJING LIULIANG YANJIU
作　　者	［美］ Rafik Hirji　Richard Davis　著 黄伟　刘晓波　彭文启　张仲伟　译
出版发行	中国水利水电出版社 （北京市海淀区玉渊潭南路1号D座　100038） 网址：www.waterpub.com.cn E-mail：sales@waterpub.com.cn 电话：（010）68367658（营销中心）
经　　售	北京科水图书销售中心（零售） 电话：（010）88383994、63202643、68545874 全国各地新华书店和相关出版物销售网点
排　　版	中国水利水电出版社微机排版中心
印　　刷	北京瑞斯通印务发展有限公司
规　　格	184mm×260mm　16开本　10.75印张　193千字
版　　次	2018年12月第1版　2018年12月第1次印刷
印　　数	0001—3000册
定　　价	**40.00元**

凡购买我社图书，如有缺页、倒页、脱页的，本社营销中心负责调换

版权所有·侵权必究

内 容 提 要

本书是世界银行"环境与发展"系列丛书之一,由拉菲克·希尔吉
(Rafik Hirji)与理查德·戴维斯(Richard Davis)合著完成。本书共
分9章,分别从政策、规划、项目三个层面阐述了世界银行对环境流量
内涵的理解、环境流量的计算方法、世界银行对各国环境流量的援助情
况、世界银行与各组织机构的合作情况、世界银行援助的17个环境流
量案例以及该行在环境流量方面的经验与建议。

本书的写作参考了大量的统计数据及文献,有助于加深人们对水资
源管理范畴中关于水资源优化配置的理解并提高水资源优化配置能力。
本书的付梓有助于进一步深化国际社会对坏境流量及可持续发展的认
识,填补水资源综合管理研究方面的空白,拓展人们对风险性基础设施
建设中存在的利益共享问题的认知。

本书可供在水利、水电、生态环境、农林、水产、生物、经济、管
理等方面从事科学研究、生产实践和宣传教育的科技、行政管理人员和
其他相关人员阅读参考。

≥ 环境与发展 ≤

　　环境可持续性是可持续发展范畴中的一项基本要素。为此，世界银行于
2007 年创刊本系列丛书，旨在汇编已有或初现端倪的环境问题，以期促进
人们对所面临的环境挑战进行充分讨论与深化认识，为实现社会公平与经济
可持续增长等工作提供参考。本系列丛书主要借鉴世界银行及其贷款国家的
实践经验与分析报告。收录出版的书籍可为世界银行贯彻实施环境战略提供
参考，也可为社会团体、政策制定者以及学者等提供参考。本系列丛书所讨
论的主题涵盖环境健康、自然环境管理、战略环境评价、政策措施、环境机
构等。

　　本系列丛书还包含：

　　国际贸易与气候变化：经济、法律与体制

　　贫困与环境：从家庭层面认识两者之间的联系

　　政策中的战略环境评价：优秀管理的利器

　　环境卫生与儿童成活率：疾病、贫穷与不幸遭遇

译 者 序

水是生命之源、生产之要、生态之基，孕育并延续了世间万物。传统的水资源开发利用与管理工作强调"用水"，而很少考虑水资源和生态系统本身的健康，对过度用水及由此引起的生态环境恶化也缺乏足够的认识。人类在享受水资源带来的效益的同时，往往忽略了对河流、湖泊、湿地和地下水系统的维护和维持。环境流量是维持河流生态系统结构与功能稳定的水量及过程，是维护和维持河湖生态系统的重要抓手，也是当前河湖保护中的重点与热点问题。

我国环境流量经过 20 年的发展，取得了长足的进展，尤其是近几年日益受到关注，其理论体系也日趋完善。近年来，环境流量正处于一个空前活跃和快速发展的阶段，这对水利及环境研究提出了新的挑战，迫切需要吐故纳新，整合零散杂乱的研究内容。

世界银行为在全球范围内将环境流量的概念引入到水资源综合管理中，在水资源政策、河流流域/集水区规划、基础设施开发重建项目等不同的层面进行了大量的环境流量的相关工作，积累了丰富的技术、管理和培训经验。本书由世界银行的 75 名水资源及水环境专家历时 2 年时间编写完成，是近年来世界银行关于环境流量研究成果和经验教训的总结，也为环境流量研究提出了一系列的建议。这些经验总结和建议可为我国环境流量研究和实践提供指导，同时加速我国环境流量研究融入国际主流的步伐。

本书共分 9 章，分别在政策、规划、项目三个层面上对以下内容进行了全面系统的阐述：世界银行对环境流量内涵的理解、环境流量新的计算方法、世界银行对各国环境流量的援助情况、世界银行与各组织机构的合作、世界银行 17 个环境流量案例分析、环境流量的主流化实践过程的经验总结及建议等。文中还提供了大量实际案例来具体介绍世界银行在环境流量方面的工作，有政策案例、规划案例和工程案例。政策案例包括：澳大利亚国家水计划、欧盟水框架指令、美国佛罗里达水政策、南非国家水政策、坦桑尼亚国家水政策等；规划案例包括：南非克鲁格国家公园规划、湄公河流域规划、坦桑尼亚潘加尼流域规划、澳大利亚先锋集水区规划等；工程案例包括：中亚咸海、南非伯格河、加拿大布里奇河、中国塔里木河等 16 个项目。

本书由多名从事水环境科学研究的人员共同翻译完成，分工如下：绪论和前言由黄伟、刘晓波、张仲伟译；第 1 章由黄伟、彭文启、王卓微译；第 2 章和第 3 章由黄伟、葛金金、刘晓波译；第 4 章、第 5 章和第 6 章由冯健、刘畅、张仲伟译；第 7 章、第 8 章和第 9 章由黄伟、黄智华、葛金金和张仲伟译；附录由黄伟、王卓微、葛金金、冯健、刘畅译，全书由黄伟、彭文启、冯健统稿校译并审核定稿。

本书编写过程中，得到了中国水利水电科学研究院基本科研业务费项目（WE014B782017，WE0145B342016）以及"十二五"国家水体污染控制与治理科技重大专项课题"三峡库区小江汉丰湖流域水环境综合防治与示范"（2013ZX07104－004）的资助，在此表示诚挚的谢意！

由于译者水平有限，在翻译的过程中难免出现不当之处，敬请读者批评指正。希望通过本书的出版对环境流量的研究起到有益的推动作用，也真诚地希望广大读者能够对本书提出中肯的意见和建议。

译　者

2018 年 12 月

前　言

基础设施投资不仅可以促进经济增长，也可以推进扶贫工作的开展。当前，许多发展中国家在水资源基础设施建设方面面临极大的挑战，水资源基础设施的建设一方面需要满足国内生活、农业、能源及工业等日益增长的需水量；另一方面也要为防御洪水和干旱提供缓冲空间。气候变化严重影响水资源的供给与需求之间的平衡，在极端情况下，这种供需关系可能会进一步恶化，最终演变成重大事件。针对这些问题，亟须一套涵盖水资源投资管理政策、水资源规划与实施、水资源需求与管理、流域湖泊、湿地等水体的保护等内容的方案，以应对气候变异与变化。除上述方案外，还需要维护、改造以及新建河道内外取水设施、大坝等，开展跨流域调水以及实施地表水与地下水综合利用。

全球粮食危机暴发后，人们更加意识到发展农业的重要性，尤其是在发展中国家进行灌溉基础设施投资的重要性。同时，全球能源危机暴发后，人们加快了对能源生产方面的投资，如开发水力发电等。当前全球金融危机形势下，发达和发展中国家均加大了对水资源、交通、能源及其他等方面的基础设施投资，以此作为一种应对经济下滑风险的有效措施。在所有的危机中，构建可持续发展网络所面临最大的挑战是如何在维持经济、社会及环境可持续性发展的同时增加基础设施投资。

《2003年世界银行水资源部门战略》号召投资者对大坝等"高风险"基础设施进行投资，同时也要求投资方式应对环境友好、对社会负责。该战略呼吁建立一个全新的高风险水资源基础设施开发的商业模式，以及时、可预见、经济的方式全方面掌握大坝建设对上下游生态环境及社会影响。除减少与项目决策制定及融资相关的不确定性之外，这种对社会及环境负责的方式还将有助于维持发展中国家的贫困人口赖以生存的生态服务系统。2007年可持续发展网络的形成，进一步强调了环境责任的重要性，并将其纳入了世界银行工作的核心内容。

世界银行的分析和国际大坝委员会的报告表明，大坝的规划、设计和运营并不总尽如人意。一般而言，虽然大坝的建设会带来巨大的效益，但这些效益并没有被公平分配。大坝的开发过程中，也未充分考量大坝对下游环境的影响以及下游伴水而居民众的利益。

过去几十年里，世界银行在解决大坝对上游影响方面已经积累了丰富的知识和经验，取得了巨大进步。但是，在解决水资源基础设施建设对下游的影响方面，世界银行的经验仍然有限。世界银行通过不断吸收全球对环境流量的认识、实践和实施，形成了有关环境流量的工作体系。世界银行为国际上解决这类问题的经验累积作出了贡献，尤其是对莱索托高地调水项目、塔里木河下游修复、咸海北部及塞内加尔河流域修复工作提供了支持。另外，世界银行还为中亚、中国、厄瓜多尔、印度、墨西哥、湄公河地区、摩尔多瓦、塔吉克斯坦、坦桑尼亚和乌克兰的环境流量倡议提供了支持，并制作了包括一系列关于环境流量的技术说明文件的知识产品和支持材料。

本书进一步丰富了国际上关于环境流量和可持续发展问题的认识。本书重点强调在水资源综合管理（IWRM）中引入环境流量配置这一概念，填补水资源综合管理知识的一大空白。另外，本书还加深了我们对于风险性基础设施开发利益共享问题的理解。本书是世界银行环境部门和能源、交通与水资源部门间的重要合作成果，旨在提高可持续发展的水平，并不断推进可持续发展的主流化。

环境部门主管詹姆斯·沃伦·伊凡斯

关于作者

拉菲克·希尔吉（Rafik Hirji），世界银行高级水资源专家，曾参与非洲、亚洲、加勒比地区、也门及美国的多个水资源规划、管理及开发项目。希尔吉先生曾通过推进河流、湖泊和含水层可持续利用及管理的相关优化工具，领导水资源及环境可持续发展网络的工作事宜。他还曾担任全球湖泊流域管理倡议、水资源管理战略性环境评估的部门分析、将环境流量纳入水资源运营和水政策对话的部门分析等工作的团队负责人，也曾促成肯尼亚、坦桑尼亚、特立尼及多巴哥的水资源政策对话及国家水资源战略的筹备工作，印度泰米尔纳德邦及奥里萨邦水资源规划和加纳水资源管理研究的筹备工作。如今，希尔吉先生的工作重心主要是引领全球地下水管理项目的筹备、协助世界银行在气候变化和水资源方面的重要工作。主要包括管理两份专题报告的编写工作，其中一本报告的主题是地下水资源影响及其调整方案，另一本的主题是气候变化对淡水生态系统造成的影响及其调整方案。希尔吉先生著述颇丰，是南非发展共同体（SADC）关于南非地区环境可持续性水资源管理地区报告的主编，也是世界银行水资源及环境技术说明丛书的副主编。希尔吉先生拥有斯坦福大学环境工程与科学硕士及水资源规划博士学位，并且获得美国注册专业工程师资质。

理查德·戴维斯（Richard Davis），澳大利亚国家水资源委员会高级科学顾问，曾在澳大利亚联邦科工组织（CSIRO）从事水资源与环境的研究工作，并一直致力于环境流量、水质、流域管理及决策支持系统方面的研究。戴维斯先生也曾就职于澳大利亚政府政策部门，是澳大利亚土地和水资源研究与发展公司（Land and Water Australia）的项目协调人。戴维斯先生于2001年3月以咨询专家的身份被调派到世界银行环境部门，为国家水资源援助战略、河流及湖泊流域管理措施、环境流量及战略环境的部门分析提供相关咨询。戴维斯先生著述颇丰，曾是世界银行水资源及环境技术说明丛书的主编，拥有新西兰奥塔哥大学理学学士学位及澳大利亚国立大学博士学位及经济学本科学位。

致　谢

《水资源管理与开发利用中的环境流量研究》由拉菲克·希尔吉（能源运输与水资源部）和理查德·戴维斯（顾问）共同撰写。本书及其中包含的关于水资源政策、河流流域/集水区规划及基础设施开发、修复项目的17个案例分析报告，均基于经济与部门分析（ESW）工作——围绕"将环境流量需求纳入水资源投资及政策改革中的主流化发展"这一主题展开，并且这些分析得到了环境部门及能源、交通和水资源部门的大力支持。本书于2008年6月完成。笔者对世界银行在写作过程中提供的支持表示衷心感谢。感谢罗伯特·利维纳什（Robert Livernash）和伊丽莎白·福塞斯（Elizabeth Forsyth）在编辑方面提供的帮助。另外，感谢世界银行-荷兰水伙伴项目（BNWPP）信托基金对本书的出版提供的赞助。

经济与部门分析工作部分是由75名水资源及环境专家历经两年共同编写完成，这些专家包括团队带头人、项目人员、研究人员、世界银行工作人员及遍布世界各地各大组织的参与人员。核心团队成员包括拉菲克·希尔吉（Rafik Hirji，团队带头人）、理查德·戴维斯（Richard Davis，顾问）、基萨·姆法利拉（Kisa Mfalila，顾问）及马库斯·维沙特（Marcus Wishart，非洲水资源管理小组）。另外，歇尔·德·内弗斯（Michelle De Nevers）、罗拉·特莱耶（Laura Tlaiye）、艾贝尔·梅西亚（Abel Mejia）、詹姆斯·沃伦·伊凡斯（James Warren Evans）及贾马尔·萨吉尔（Jamal Saghir）给我们提供了总体指导。达里尔·菲尔兹（Daryl Fields）对初稿提出了细致详尽的意见。史蒂芬·林特纳（Stephen Lintner）为初稿也提供了大量评论意见。

案例2和案例16由麦克·阿克雷曼（Mike Acreman，顾问，英国）编写；案例12由丹尼斯·达尔默（Denise Dalmer，顾问，加拿大）编写；案例11由马库斯·维西特（Marcus Wishart，世界银行）编写；案例7由基萨·姆法利拉（Kisa Mfalila，顾问）编写。管理部门及非政府组织实践活动总结由卡林·克尔齐南克（Karin Krchnak，大自然保护协会）、格里高利·托马斯（Gregory Thomas，自然遗产研究所）、基萨·姆法利拉（Kasa Mfalila，世界自然基金会、联合国开发计划署、联合国环境规划署）、麦克·阿克雷曼（Mike Acreman，国际自然保护联盟、国际水资源管理研究所）提供。

　　笔者衷心感谢以下各位同事及工作人员为17个案例分析提供的评论意见以及相关信息材料：世界银行工作人员：马苏德·艾哈迈德（Masood Ahmad）、格雷戈·布劳德（Greg Browder）、乌斯曼·迪昂（Ousmane Dione）、珍妮·基巴萨（Jane Kibbassa）、安德鲁·麦肯（Andrew Macoun）、道格·奥尔森（Doug Olson）、杰夫·斯宾塞（Geoff Spencer）、及谢梅（音 Meixie）；麦克·阿克雷曼（Mike Acreman，顾问，英国）、法迪拉·赫梅德（Fadhila Hemed，国家环境管理理事会，坦桑尼亚）、哈里·比格斯（Harry Biggs，南非国家公园联盟，南非）、凯特·布朗（Cate Brown，南非南部水体，南非）、萨蒂夏·蔡（Satish Choy，昆士兰国家资源及水资源部门，澳大利亚）、凯文·康林（Kevin Conlin，卑诗水电公司，加拿大）、马克·邓特（Mark Dent，瓜祖鲁那他省大学，南非）、赛迪·法拉吉（Saidi Faraji，水资源及灌溉部门，坦桑尼亚）、A·J·D·弗格森（A. J. D. Ferguson，顾问，英国）、苏·福斯特（Sue Foster，卑诗水电公司，加拿大）、达纳·格罗伯勒（Dana Grobler，蓝色科学顾问，南非）、拉里·哈斯（Larry Haas，顾问，英国）、托马斯·杰都–阿巴比奥（Thomas Gyedu – Ababio，南非国家公园联盟，南非）、罗宾·约翰斯顿（Robyn Johnston，墨累–达令流域委员会，澳大利亚）、希尔范德·卡姆吉沙（Sylvand Kamugisha，国际自然保护联盟，坦桑尼亚）、大卫·凯泽（David Keyser，跨卡尔顿隧道管理局，南非）、杰基·金（Jackie King，开普敦大学，南非）、约瑟芬·勒摩亚（Josephine Lemoyane，国际自然保护联盟，坦桑尼亚）、德拉娜·洛（Delana Louw，非洲之水顾问，南非）、约翰·梅茨格（John Metzger，顾问，湄公河委员会）、威利·姆瓦卢万达（Willie Mwaruvanda，鲁菲吉流域水务办公室，水资源及灌溉部，坦桑尼亚）、比尔·纽马克（Bill Newmark，犹他州自然历史博物馆，美国）、塔里·帕默尔（Tally Palmer，悉尼科技大学，澳大利亚）、莎伦·波拉德（Sharon Pollard，水资源及农村发展协会，南非）、多纳尔·奥利（Donal O'Leary，透明国际反贪腐非政府组织，美国）、乔迪·拉特克利夫（Geordie Ratcliffe，淡水顾问团队，南非）、保罗·罗伯茨（Paul Roberts，前水务及森林部职员，南非）、凯文·罗杰斯（Kevin Rogers，维特沃特斯兰德大学，南非）、奈杰尔·罗索乌（Nigel Rossouw，跨卡尔顿隧道管理局，南非）、哈姆扎·萨迪奇（Hamza Sadiki，潘加尼流域水务办公室，水资源及灌溉部，坦桑尼亚）、查尔斯·赛力克（Charles Sellick，赛力克联盟，南非）、道格·肖（Doug Shaw，大自然保护协会，佛罗里达，美国）、腾德·腾德（Tente Tente，跨卡利登隧道管理局，南非）、马尔科姆·汤普森（Malcolm Thompson，环境、水、遗产及艺术部，澳大利亚）、皮埃尔·德·维利尔斯（Pierre de Villiers，蓝色科学顾问，南非）、尼尔·凡·维克（Niel van Wyk，水务及森林部，南非）、比尔·杨（Bill Young，澳大利亚联邦科学及工业研究组织，澳大利亚）、伯特兰·凡·齐尔（Bertrand van Zyl，水务及森林部，南非）。

笔者还要特别感谢华盛顿·穆他尤巴（Washington Mutayoba，水资源及灌溉部，坦桑尼亚）及芭芭拉·韦斯顿（Barbara Weston，水务及森林部，南非）为我们提供的三份坦桑尼亚案例报告和三份南非案例报告。这些报告分别由两国工作人员及业内同事撰写。感谢史蒂夫·米切尔（Steve Mitchell，水研究委员会，南非）的鼓励，并为我们获得南非方面的研究报告提供途径。

世界银行-荷兰水伙伴项目关于环境流量的评论主要引自托马斯·帕内拉（Thomas Panella，现于亚洲开发银行任职）及世行审稿专家克劳迪娅·萨多夫（Claudia Sadoff）、萨尔曼·萨尔曼（Salman Salman）、胡安·D·金特罗（Juan D. Quintero）共同撰写的报告。其他世界银行以外的审稿专家有布莱恩·黎克特（Brian Richter，大自然保护协会）及约翰·斯坎伦（John Scanlon，国际自然保护联盟）。我们还收到了来自瓦希德·奥拉维安（Vahid Alavian）、茱莉亚·巴克纳尔（Julia Bucknall）、乌赛德·厄尔-汗巴利（Usaid El - Hanbali）、斯蒂芬·林尼厄（Stephen Lintner）、克里斯汀·利特尔（Christine Little）、格伦·摩根（Glenn Morgan）、格兰特·米尔恩（Grant Milne）、艾贝尔·梅西亚（Abel Mejia）、道格·奥尔森（Doug Olson）、斯蒂芬诺·帕吉欧拉（Stefano Pagiola）、萨尔曼·萨尔曼（Salman Salman）、杰夫·斯宾塞（Geoff Spencer）、彼得·沃森（Peter Waston，前欧洲地区基础设施主管）的评论意见。在此一一表示感谢。

缩 写

BBM	建块法
BNWPP	世界银行-荷兰水伙伴项目
BP	银行程序（世界银行）
CAS	国家援助战略（世界银行）
CEA	国家环境评价
COAG	澳大利亚政务院
CWRAS	国别水资源援助战略（世界银行）
DANIDA	丹麦国际开发署
DPL	发展政策贷款（世界银行）
DRIFT	河道下游对流量的响应
EFA	环境流量评估
EIA	环境影响评价
ESW	经济与部门分析工作（世界银行）
EU	欧盟
GEF	全球环境机构
GLOWS	全球水资源可持续性（美国国际开发署）
IFIM	河道流量增量法
IFR	河流流量要求
IUCN	世界自然保护联盟
IWMI	国际水资源管理研究所
IWRM	水资源综合管理
LHDA	莱索托高地发展局
LHWP	莱索托高地调水项目
LKEMP	基汉西下游环境管理项目
MDG	千年发展目标

NGO	非政府组织
NHI	自然遗产研究所
NWI	国家水计划（澳大利亚）
OKACOM	奥卡万戈河流域水委员会
OMVS	塞内加尔河开发组织
OP	运作政策（世界银行）
PAD	项目评估文件（世界银行）
SAR	职员评估文件（世界银行）
SDN	可持续发展网络（世界银行）
SEA	战略环境评估
TNC	大自然保护协会
UNDP	联合国开发计划署
UNEP	联合国环境规划署
UNESCO	联合国教育、科学及文化组织（简称"联合国教科文组织"）
USACE	美国陆军工程兵团
UAAID	美国国际开发署
WANI	水和自然倡议（国际自然保护联盟）
WFD	欧盟水框架指令
WRMP	水资源管理政策（世界银行）
WRSS	水资源战略（世界银行）
WWF	世界自然基金会

注释：除非另有说明，所有金额以美元计算。"吨"在本文中指"公吨"。

目 录
CONTENTS

第Ⅰ部分 背 景 及 基 本 原 理

第Ⅱ部分 环境流量：理论基础、制定标准及援助原则

第Ⅲ部分　环境流量实践案例分析

第Ⅳ部分　主 流 化 实 践

第Ⅴ部分　附　　录

概　　论

　　环境流量的本质是公平分配和利用水资源以及水生态系统所提供的服务。它是指为维持人类赖以生存的水生态系统的组成、功能、过程及恢复力所需的水质、水量及发生时机。

　　环境流量在实现可持续发展、保证利益共享及减轻贫困等问题方面发挥着关键作用。然而，关于环境用水的分配问题仍然存在着很大的争议。水资源基础设施的投资，特别是以蓄水、防洪或调控为目的大坝建设对经济发展（包括水力发电、食品安全与农业灌溉、工业及城市供水以及防洪抗旱）至关重要。但是，如果该类基础设施投资的规划、设计或运行不当，就可能影响下游水流的流量、水文情势及水质，给下游生态系统及居民带来一系列问题。虽然水生生物的生存同时取决于水量和水质，但由于水文情势的变化会导致下游贫困居民所依赖的生态系统功能退化，且对许多生态过程都有着决定性的作用，因此其变化问题更为重要，为实现可持续发展战略，相关部门正在通过公、私部门的投资，加强各行业的基础建设，特别是在修建各类大坝的时候，更加重视其对下游生态系统产生的影响。

　　气候变化会影响水资源的供求关系，进而影响环境需水量。海平面的上升会导致盐水倒灌，通常该过程与入海淡水水量息息相关，从而会影响河口生态过程。一些国家大力推进大坝和水库建设来适应气候变化，以减缓降水和径流变化所带来的影响。但实际上，如果没有合理评估这些大坝和水库的影响、管理它们的运行，这种建设只会进一步危害下游生态系统健康。

　　本书分析的总体目标是在水资源综合管理的实际操作中引入环境用水量分配这一概念，并加强对这一概念的理解。本书具体目标如下：

　　（1）收录水资源从业者和世界银行及贷款国的环境专家对环境流量的理解的演变过程。

　　（2）总结世界银行、其他国际组织、少数发达国家和发展中国家在落实环境流量的实践活动中所得的经验教训。

（3）提出能够更有效地整合环境流量影响因素的分析框架，并指导实践：①水资源基础设施的规划、设计及运行方面的决策制定；②与环境流量相关的法律、政策、体制及应用能力拓展；③修复重建项目。

（4）提供技术指南修订意见，更好地将环境流量考量因素纳入贷款业务的准备和实施过程中。

Ⅰ 环境流量：科学理论、决策制定及发展援助

下泄一定的流量（即在特定时间下泄一定数量的流量）可维持下游水生态系统的健康，并为下游居民提供服务。这一概念在发达国家已沿用了20多年，在发展中国家也在不断被采用。这里所说的服务包括以下几方面：

（1）清洁水源。

（2）地下水补给。

（3）鱼类或无脊椎动物的食物。

（4）可在沿河地带及洪泛平原拾取薪柴、放牧及种植作物。

（5）保护生物多样性（保护自然栖息地、保护区及国家公园）。

（6）防洪。

（7）通航。

（8）通过生物地球化学过程去除污染物。

（9）娱乐活动。

（10）文化、艺术及宗教等福祉。

不幸的是，开发活动对下游产生的影响通常较为广泛、长期，并且存在认识不足、处置不当的问题。

在环境流量与消耗性及非消耗性用水间进行分配不仅是一个技术性决策问题，更是一个社会性的决策问题。为实现公平性和可持续性，这些决策必须建立在科学数据与科学分析的基础上。水文情势变化的原因可能远远不止取水蓄水以及基础设施等对流量的调控作用，森林、农业及城市化等原因造成的上游土地利用方式的变化也可能对水流产生严重影响。因此，环境流量的影响不仅限于河流范围，还涉及地下水、河口甚至是近岸海域。

目前已经有多种估算环境流量的方法，有简单的，也有复杂的。估算环境流量的过程常常被称作环境流量评估（EFA）。关于这种评估，现在世界各地已有大量的经验可供借鉴参考。

世界银行的切入点

世界银行现有四大切入点，这些切入点支持有意在决策过程中引入环境流量概念的国家，总体包括：①水资源政策、法律及体制改革❶；②江河流域规划与管理❷；③新建基础设施投资；④已有基础设施的修复、重启或退化的生态系统的修复。秉持可持续发展的原则，世界银行支持采用相关措施，通过促进与那些导致土地利用发生重大变化的水资源政策、流域规划及工程项目等相关主题的对话协商，使环境流量能在决策的初期纳入考虑范畴。目前，世界银行已经为某些项目提供援助，实施了环境流量，并取得了一定成果。

环境流量、水资源综合管理及环境评价

环境流量评估是水资源综合管理的固有组成。虽然最理想的情况是将环境流量评估纳入到政策、规划、项目实施或部门贷款的战略环境评价（SEA）中，并且将其纳入坝目层面投资的环境影响评价（EIA）中，然而战略环境评价和环境影响评价尚不能有效地整合环境流量评估，要实现此目标仍需要一定的时间。因此，大部分环境流量评估是在环境影响评价工作开展的同时进行，或在环境影响评价完成后单独开展。

世界银行采用的环境流量

通过对部分大坝项目进行分析，结果表明直至 20 世纪 90 年代中期，世界银行对环境及社会工作提供的援助主要集中在大坝对上游影响问题的评估及处理方面。到 20 世纪 90 年代中期，该类评估开始拓展至同样重要的下游社会环境问题，尤其是大坝建设对下游产生的影响。然而，一份关于国家水资源援助战略的分析显示，只有部分国家将环境流量纳入到了水资源的规划当中。对于在水资源政策中引入环境流量理念方面，发展中国家仍然认识不足，但庆幸的是，大部分国家已能意识到将环境流量引入流域层面的水资源规划中的重要性。世界银行-荷兰水伙伴项目推动了将环境流量理念引入到大坝重建项目的基础设施规划、设计和运行中，并取得了一些显著的成效。

国际发展组织及非政府组织

许多国际发展组织和非政府组织均为项目层面及流域层面的环境流量评估提供了支持，其中包括组织培训课程，提供相关信息情报以及辅助材料。

世界银行曾与一些发展组织一同制定了关于在基础设施建设项目及重启项目中引入环境流量的相关材料。

Ⅱ 环境流量实施案例分析

本书选取了 17 个案例,深入分析了在水资源政策、集水区规划与新建基础设施项目及已有设施的重建和重启项目中引入环境流量所获得的经验(Hirji and Davis,2009a)。本书中还对 8 个世界银行提供了支援的案例进行了分析。

评估标准包括影响案例研究成功的因素,以及启动和支持引入环境流量的制度驱动因素。

在水资源政策中引入环境流量理念

这里对 5 个政策案例进行了分析,围绕政策中的环境流量得到以下几方面的结果:

(1)确定环境用水量配置的法定地位。

(2)在流域水资源规划中纳入保障环境用水量的概念。

(3)在环境流量评估中对所有与水循环相关的部分进行评估。

(4)提出设定流域规划环境保护目标的方法。

(5)及时关注对水资源过度分配的生态系统的恢复和对尚未承受压力的生态系统的保护。

(6)明确关于利益相关者参与的要求。

(7)由独立机构负责审计。

(8)将价值负载的方式转变为运营规程的机制。

在流域及集水区规划中纳入环境流量的内容

这里对 4 个流域及集水区的水资源项目进行分析得到如下经验:

(1)在水资源政策及法律上承认环境流量,为在流域规划中引入环境流量提供了重要的支持力量。

(2)有必要在项目实施后,论证环境用水量配置的效益。

(3)如果在初期没有对"环境流量"这一术语进行说明,可能会起到与预想相反的效果。

(4)需要对参与方式进行个性化设计,以适应不同层次的利益相关者。

（5）需要一系列能够应对不同情况的环境流量评估技术。

（6）生态监测是适应性管理的基础。

在基础设施项目中纳入环境流量内容

我们回顾了 4 个新建大坝项目和 4 个重建项目，得到以下有关环境流量评估及应用方面的经验：

（1）工程方面的优化调整必须与项目重建相结合，以提供恢复重要生态系统所需的水量。

（2）在水资源政策中引入环境流量理念可简化在项目层面对环境流量评估的过程。

（3）环境评价结果必须和社会经济成果紧密联系在一起。

（4）应对水文循环的所有组成部分进行环境流量评估。

（5）以往水资源专业人员可能会认为环境流量这一概念很难把握。

（6）水资源规划为项目评估中的水资源配置提供了基准。

（7）需要通过主动监测措施来贯彻实施流量分配决策，并由此进行适应性管理。

（8）应该用决策制定者能够理解的语言提交信息。

（9）经济研究可作为下游水资源配置的依据。

（10）环境流量评估需要更全面地融入到环境影响评估中。

（11）进行环境流量评估的成本只是项目成本的很小一部分。

（12）环境影响评价通常未完全考虑到下游供水方面的问题。

Ⅲ 主流化影响

随着对环境流量评估科学认识的大幅度提升，目前存在许多对环境流量需求进行评估的方法和大量生态系统对不同流量状态响应的信息，这些方法在整合物理、生态及社会经济等学科领域信息方面积累了大量的经验。另外，结合丰富的实地工作，我们制定了大量的环境流量评估方法，用以适应不同等级的环境风险、时间和预算限制以及数据和技术条件。世界银行在莱索托高地调水项目上的投入，加速了 DRIFT 方法（河道下游对流量的响应）的发展，该方法能系统地解决下游生物物理学及社会经济学的影响等问题。在实施环境流量方面，我们也在不断积累经验，其中包括监督及适应性管理程序等。

主要成绩

发达国家，如美国、澳大利亚、新西兰、欧盟国家及南非等，均认可在流域水资源规划中纳入环境流量。这些国家普遍认同维护水环境健康的重要性。而那些已经接受在水资源规划中重点考虑环境流量的国家，也认识到环境流量理念需延伸到地下水、河口，甚至是近岸海域中。

支援发展中国家

国际发展组织、非政府机构及研究机构通过支持环境流量评估及其运用和提供培训项目、资料以及网络资源等方式，积极为发展中国家提供援助。世界银行长期保持与各类发展伙伴的合作，在全球范围已有多个较为成功的案例，包括：退化的塔里木河流域与咸海北部的修复工程、为塞内加尔洪水流量供给提供援助、莱索托高地调水项目以及将环境流量引入政府水资源政策中。在上述项目中，环境流量的保障使生态系统得到恢复，为下游民众带来了巨大的益处；在塔里木盆地的案例中，环境流量甚至还为上游灌溉用户带来了重大利益。

挑战

世界银行及环境流量实践者仍面临着诸多挑战：

（1）澄清"环境流量"这一术语带来的误解。

（2）开发系统地连接生物物理和社会经济影响的方法。

（3）将整个水循环（地表水、地下水及河口）纳入评估范围。

（4）将环境流量评估运用到会阻碍或促进坡面径流的土地利用活动中。

（5）将气候变化纳入评估中。

（6）将环境流量评估整合到战略、部门及项目环境评价中。

（7）明确利益共享的实施条件。

扩大世界银行在环境流量方面参与度的框架

这部分分析主要针对用于改善世界银行应用环境流量的框架进行，该框架由4部分组成：

（1）需要加大力度提升世界银行在评估和监管环境流量方面的能力：

1）加快在概念、方法和成功案例等方面建立水资源和水环境与环境流量之间的联系，包括将环境流量引入主项目环评和战略环评中，形成统一认识。

2）通过壮大拥有环境流量评估培训经历的生态学、社会科学、环境及水资源专家的队伍，增强世界银行在环境流量评估方面的专家力量。

（2）通过课程培训、相关材料辅助以及国际专家的帮助，加强贷款操作中的环境流量评估工作。

1）宣传现有项目及筹建项目过程中运用环境流量评估方法的指导材料，为世界银行和贷款国人员提供关于环境流量问题的相关培训。

2）在项目可行性研究的筹备和实施阶段，应对环境流量评估实际应用的条件和方式方法进行确认，作为规划和监管工作的一部分。

3）对水文监管网络和水文模型的建设提供支持，为开展环境流量评估提供基本信息。

4）更新有关在战略环境评估和环境影响评价中运用环境流量评估的环境评估资料。

5）编制技术文档，明确在水资源基础设施项目中解决对下游地区产生影响的方法。

6）测试环境流量评估的效果，不仅考虑除大坝之外的基础设施对河流下游流量和生态系统的影响，还需评价大型土地利用变更投资和流域管埋投资等其他活动。

7）在恰当的试点项目中扩大环境流量的概念范围，将下游受影响的区域拓展至地下水系统、湖泊、河口及近岸海域等地区。

8）为世界银行职员及贷款国工作人员提供辅助材料，比如案例分析资料、培训材料、技术说明及影响分析。

（3）需要通过对话或者公文的方式，例如国家水资源援助战略（CWRASs）、国家援助战略（CASs）、国家环境评估、发展政策贷款以及世界银行职员的辅助材料，促进将环境流量纳入政策和规划中：

1）通过有关国家对话推动包括环境流量分配在内的流域规划。

2）利用国家援助战略及国家水资源援助战略加大世界银行对流域或集水区规划和水资源政策改革方面的援助力度，以实现分配环境用水量产生的利益，例如消除贫困和实现将千年发展目标纳入国家援助范畴中。

3）将环境流量需求纳入世界银行的战略环境评估中，例如国家环境评估和部门环境评估。

4）在一个小型行业调整贷款项目中测试环境流量评估的利用状况，前述项目包含一些可能导致大规模土地利用变化的调整。

5）推进发展中国家部门政策和环境流量概念的协调统一，促使行业机构进一步理解考虑它们的政策对下游社区影响的重要性。

6）为世界银行职员提供有关在流域规划及水资源政策及法律改革中引入环境流量理念的辅助材料。

7）从在流域规划中引入环境流量理念的发达国家汲取经验。

（4）扩大合作伙伴关系：

1）扩大与非政府机构（世界自然保护联盟、世界自然基金会、大自然保护协会、自然遗产研究所等）、研究机构和国际组织（联合国环境规划署、国际湿地公约秘书处、国际水资源管理研究所及联合国教科文组织）的合作，充分利用该类组织在环境流量评估方面的经验并促进环境流量在发展中国家的应用。

2）巩固与行业协会，例如国际水电协会和私营融资部门等的合作关系，提高他们对环境流量的认识，使他们意识到环境流量可提供的可观的效益，包含下游流量生态系统服务所带来的社会和经济益处。

3）将经济与部门分析工作中获得的经验教训与世界银行可持续发展网络及能源、交通与水资源部门正在推进的倡议结合起来，增加水力发电项目为当地社区带来的利益。

这一框架将有助于提高世界银行落实水资源基础设施投资战略的能力，同时降低威胁下游社区生存的不利环境影响的风险。

注释

❶ "政策"在本书中包括支持政策的一些法律。

❷ 不同国家可能使用不同术语：江河流域或集水区。一般而言，流域比集水区要大。在本书中，除非单独讨论某一特别的集水区，我们一般使用流域来指各种集水区。

第Ⅰ部分
背景及基本原理

第1章

绪　论

　　环境流量以水资源的公平分配与可持续性利用为重点关注对象。尽管其尚未得到充分的认识且存在未全面解决的问题，但环境流量这一概念已是水资源综合管理中的核心内容（Hirji and Davis，2009b）。环境流量不仅是水资源开发与环境保护博弈之间的中心问题，也是适应性响应气候变化及应对策略的有机组成部分。

　　事实上，关于环境流量的博弈本质上是如何公平分配水资源，即基本用水（通常需要投资）与维持群落和生物多样性的生态系统用水之间的分配博弈问题。此外，该博弈还包括两个深层次的含义：①需要认识到水资源开发存在一个阈值，当水资源开发超过该阈值时，生态系统功能可能受到不可逆转的损害；②以透明和合理的方式，系统地平衡人类社会不同用水的需求。

　　环境流量是维持水生态系统重要服务功能所需的水文节律，是水资源规划和管理领域实践的核心要素。目前，"环境流量"尚无统一定义，在本书中，环境流量是指"为维持人类赖以生存的水生态系统的组成、功能、过程及恢复力所需的水质、水量及发生时机。"（Nature Conser vancy，2006）。在一些国家，环境流量被视作是少数环境人士以牺牲稀缺的生产用水为代价换来的奢侈品。产生这种误解的主要原因是"环境流量"这个术语容易让人误认为环境用水需要牺牲人类生活用水和经济发展用水，或者产生因放任水资源流入大海而被浪费的错误认识❶。而实际上，环境流量是保障当代人类及其后代直接或间接利益的重要基础，而不是以牺牲人类为代价的产品❷（见附录 A）。

　　河流流量存在年际和年间变化，具有不同的模式，也称作"情势"，一般包括旱季的低流量、雨季的小洪峰流量（雨汛）及在无调节措施下河流中发生的大洪水流量。地下水位也会随地下水补给和排泄量的变化而在年际和年内不断变化。环境流量评估（EFA）就是一种用于了解和定义河流或地下水系统中的多种流量组分影响各类生态系统功能的过程。

虽然环境流量评估是一种联系水文情势与生态系统状况的科学技术方法，但环境需求及用水消耗需求之间的水资源分配却是一个基于多部门决策框架下制定的社会决策。所以，环境流量的水资源分配是许多发达国家及发展中国家逐步认可的水资源综合管理的重要环节。方框 1.1 着重说明了环境流量和水资源综合管理之间的主要联系。

方框 1.1

环境流量和水资源综合管理之间的联系

环境与水资源综合管理主要通过三种方式相关联。首先，水生态系统（及相关陆地系统）为鱼类、无脊椎动物及其他动物、植物区系提供栖息地。因此，同农业、能源、生活和工业用水一样，水生态也属于水资源用户。其次，供水、污水排放、灌溉、水力发电及防洪方面的水力基础设施的设计及运行常常会给设施上下游的生态系统及依赖于此生态系统的农业、牧业及渔业等部门带来影响。反之，现有基础设施的重启及重建也在成功修复退化的河流生态系统上起到了很大的作用。第三，水资源综合规划及管理在考虑水资源于各种用途上的配置、水质保护及污染控制、流域与集水区和地下水含水层及湿地的保护和恢复、外来入侵物种的控制和管理的基础上，由多部门的政策、法律、战略及计划共同推进。

一旦有大型基础设施项目处在规划、设计、建设及运行过程中，尤其是大坝和直接取水项目，就会出现关于环境流量问题的争议。对于决策者而言，大坝开发的效益，如水力发电、用水供应、灌溉、防洪及取水等，是容易量化和显而易见的。受水库回水❸影响，上游区域移民问题及其实施方案也受到各界广泛关注。但大坝开发对下游社区的影响却具有分散性、长期性、缺乏理解和应对不足等特点。对下游居民生物物理及社会方面的影响，主要源自水文情势中的流量、发生时机及质量的变化。

该类影响一般包括以下几方面：

（1）鱼类及虾、贝类等无脊椎动物的数量锐减。

（2）洪泛平原沉积物及养分沉积的减少。

（3）洪泛平原可利用的放牧、耕种及种植薪材空间的缩减。

（4）阻碍河道通航及通行。

（5）对生物多样性有重大意义的水陆栖息地（包括保护区）的减少。

（6）生活用水、灌溉及畜牧用水供应变得更困难。

（7）因流态变化及盐水入侵而造成的河口生产力的变化。

（8）地下水补给量减少。

（9）文化休闲地的减少。

在建设大坝时，下游区域主要会受到两方面的影响。一方面，开发本身带来的水文情势的变化会扰乱下游区域的生活；另一方面，开发的效益（如发电）一般都是在距离很远的地方，如城市地区才能得到体现，而当地则很少能享受到。水利基础设施项目的利益共享方案，能在解决对下游产生影响的同时，将环境流量纳入水资源决策的制定中。

目前，虽然大坝及其他水资源基础设施的建设对下游流量的影响仍是环境流量争议的焦点，但其他开发行为，特别是大规模土地利用方式，也可能影响到下游居民的用水。比如，流域源头处土地变为耕地、城镇用地和人工林地，都会加快或阻碍径流过程，并且会加剧土壤侵蚀状况，加重泥沙的负荷和运移。然而尽管这些活动明显造成下游河流流量的减少，并且改变河流形态及影响生态系统功能，但很少被认为需要进行环境流量评估。

气候变化凸显了保障环境流量的重要性，也增加了这项工作的难度。气候变化会对地表水年均降水量和地下水的补给量产生影响，继而对水生态系统及其提供的生态系统服务产生影响；全球变暖增大了极端事件发生的频率，导致某些生态系统依存的河流中洪水和干旱事件频发；海平面的上升将会影响淡水流入河口的过程以及近岸海域的生态系统；温度上升会改变生态系统过程和需求模式；旱作农业和灌溉农业的农作物需水变化，而这将反过来影响分配到环境中的水资源量。尤其是在受争议的流域和地下水系统的可利用水资源量发生改变时，气候变化将促使政府对必须要进行保护的生态系统做出明确选择。

在世界的某些地区，适应气候变化意味着需要加大对新建大坝和其他水资源基础设施的投资，重启既有基础设施，综合利用地表水和地下水，以缓解干旱期延长及极端洪水事件带来的冲击。人们还需要在战略规划中和项目计划、设计及运行时评价该类投资对下游地区产生的影响。

在政治及体制方面，由于基础设施建设或土地利用变化产生的对下游地区影响尚不清晰，导致在政策及体制方面存在一定欠缺，归结其原因，主要包括较少在项目设计及实施过程中使用环境流量评估方法，以及环境流量评估方法在环境综合评价中发挥的作用有限。这些情况在一定程度上反映了以下几个问题：①识别对下游产生的影响面临着巨大挑战；②缺乏对此影响的统一的度量尺度；③跨区域、跨空间影响的分散性；④缺乏对受影响的下游地区人口进行界定的统一方法；⑤受影响一方在决策制定过程中没有或少有话语权；⑥要体现在金融及经济方面的影响存在困难；⑦对可接受的环境流量评估方法缺乏统一意见。

总体而言，关于环境流量的博弈其实是社会不断演变的多种价值观之间的碰撞，也是对不同群体间不对等的权力关系的争论，例如：需水团体、上下游利益、城乡利益、公私利益、监管者与被监管者、开发商及社区利益、中央与地方利益。因此，任何推进在公共决策制定中纳入环境流量因素的项目都需公众参与，包括生物物理学及社会科学的参与。而且，这些项目应以可理解的方式（使用货币及非货币术语）来表示相关影响，并应与水资源综合管理原则保持一致。

1.1　世界银行与环境流量

在过去 15 年里，世界银行对环境流量的关注度持续上升（方框 1.2），这也反映了全球对环境流量关注度的增长及环境流量自身的发展。1993年，世界银行以"都柏林原则"为基础制定的水资源管理政策（WRMP）规定"与水库运行及水资源配置相关的决策应考虑江河、湿地及渔场的水资源需求"（World Bank，1993），该规定明确指出了下游环境的用水需求。2001 年，世界银行发布的环境战略中强调了水资源管理、环境可持续性与贫困之间的联系（World Bank，2001b）以及贫困人口对生态系统、自然资源的生产力和环境服务的依赖，也强调了如果诸如环境流量此类的环境问题想要获得项目级别的投资❹，则需要将环境问题的决策级别提升到政策及规划级别。而对于环境流量而言，应有相关的水资源及环境政策来承认环境用水和环境流量的合法地位，并且为包括环境用水在内的水资源配置规划提供支持。

方框 1.2

支持世界银行在业务中引入环境流量的政策、战略及资源

以下政策和战略为世界银行在水资源及环境方面的规定提供了支持：

（1）1993 年的水资源管理政策规定："与水库运行及水资源配置相关的决策应考虑江河、湿地及渔场的水资源需求。"

（2）2001 年的环境战略突出了环境概念，确定了环境用水在水政策中的合法地位，并为环境用水制定了具法律约束力的条款。

（3）2003 年的水资源战略将环境视作特殊的用水部门和水资源综合管理中的核心要素。

（4）贷款业务中的保障性政策在以下方面已到位：环境评价（对一系列影响进行评估的保护伞政策）、自然栖息地（一项避免自然栖息地退化或转变的政策，除非确无备选方案或存在显著的净利益）、非自愿性安置（一项确保已充分咨询被安置居民的意见、确保利益共享并且维持其现有生活标准的政策），以及国际河流（一项拟建项目对河流两岸国家影响的知会政策）。

通过世界银行-荷兰水伙伴项目环境流量的服务窗口（详细信息可在Water Web 查询），国际专家为确保世界银行中与环境流量相关的项目被纳入其业务运行中提供支持。

国家水资源援助战略可用来界定世界银行援助面临的战略性问题。迄今，已形成 18 项国家水资源援助战略，其中，中国、坦桑尼亚、莫桑比克及菲律宾的国家水资源援助战略中包含了针对环境流量存在问题所提出的全面解决方案。

《水资源及环境技术说明》（相关信息见世界银行 Water Web 网站）就环境流量的原理和应用等各方面提供了指导意见：

（1）"环境流量：概念和方法"（Davis and Hirji，2003a）。

（2）"环境流量：案例分析"（Davis and Hirji，2003b）。

（3）"环境流量：洪水流量"（Davis and Hirji，2003c）。

（4）"将环境流量概念引入到水力发电的规划、设计及运行中"（大自然保护协会及自然遗产研究所），这一部分被纳入经济与部门分析工作中。

一项对莱索托高地调水项目的深入研究总结了两国在复杂的跨界大坝项目中的相关经验（Watson）。

Hirji 和 Davis（2009b）评估了将水资源的环境因素上升到政策、法律、项目及计划等战略高度的可能性，这与经济与部门分析工作中将环境流量的概念延伸到政策制定和流域规划的提议相一致。

本书回顾了环境流量的原理和环境流量在全球政策、规划及项目实施中的具体实践，还提出了一个将环境流量更好地引入世界银行援助的大框架。报告中运用了同样的方法对 17 个案例进行具体分析，这些案例分析将单独出版。

2003 年制定的水资源战略（WRSS）是水资源综合管理作为水资源规划和管理框架的一个历史性的转折点，其中心思想为利用更有效的商业模式重新设计"高回报/高风险水利基础设施"。该战略将环境视作一个特殊的用水对象，也将其视作水资源综合管理的核心内容。新的商业模式要求以对环境负责、对社会负责的方式进行基础设施的开发建设。而这种观点，反过来又暗示我们应全面考量开发项目对上下游环境的影响及社会的影响，并且在可能的情况下对产生的影响进行规避、最小化、缓解或补偿。该商业模式旨在降低与复杂的水利基础设施建设、规划及运行相关决策制定的不确定性。

在水资源部门战略颁布后，世界银行通过支持个别基础设施建设项目加大了在河湖流域管理和发展、部门性项目和开发政策贷款方面对环境流量的支持力度。2000 年，世界银行-荷兰水伙伴项目（BNWPP）基于需求开放了在环境流量、江河流域管理、大坝开发及其他领域的服务窗口，为世界银行的业务提供支持。2003 年，世界银行制定了一系列环境流量技术说明来支持其业务开展（Davis and Hirji，2003a，2003b，2003c）。

莱索托高地调水项目就是环境流量的一个应用案例。该项目在新建基础设施（莫哈莱大坝）的设计及既有大坝（卡齐坝）的重启中考虑了环境流量。中国塔里木盆地及中亚地区的咸海成功修复下游生态系统的案例。这些案例均是由于大型灌溉及水利开发项目和水资源管理不善导致的下游生态系统退化。世界银行还为水政策改革以及江河流域级别的规划进行援助，并且为引入环境流量概念的基础设施项目提供帮助。过去，世界银行贷款主要依托于项目，而现在，则以发展政策贷款（DPL）、规划贷款及全部门范围的贷款为基础，这一大转变进一步加快了环境这一要素通过部门分析及战略环境评估（SEAs）、国家环境评估（CEAs）和国家水资源援助战略（CWRASs）等新兴工具主流化的进程。

2007 年，世界银行将基础设施、环境、社会、农业及农村发展方面的两个副管辖权整合到可持续发展网络（SDN）中，这一举措加大了对可持续发展基础设施的投资力度，确保获得更全面的开发方式。可持续发展网络不仅仅要求将环境因素主流化，还要求体现环境可持续性是世界银行工作的核心要素。世界银行的这一投入在最近更新的《2008 年基础设施行动计划》《2006 年农业水管理倡议》（World Bank，2006b）及《清洁能源开发框架》中均得到了体现。

本书提出了一个将环境流量因素引入世界银行援助的系统框架，该框架的实施需要通过水资源政策改革、支持流域及集水区规划和管理以及提高水资源基础设施的投资来实现。

本书为重新参与高回报、高风险水利投资提供了更高效的商业模式，并且支持在发展政策贷款、以水为中心的行业援助及规划贷款中引入环境流量作为考量因素。

另外，本书还支持部分世界银行倡议文件中提出的目标——为水力发电、用水供应、农业水管理及洪水管理系统提供环境可持续性的投资。这些倡议包括《基础设施行动计划》《农业水管理倡议》、气候变化和水的经济与部门分析工作（ESW）以及《气候变化及发展战略框架》。

总体而言，本书支持将可持续发展网络的愿景纳入到世界银行业务中。

1.2 编写目的

本书旨在促进以可操作的方式将环境用水配置纳入水资源综合管理中，并推进人们对其的理解。鉴于此，本书对最近完成的战略环境评估报告和水资源综合管理及发展报告进行了补充（Hirji and Davis，2009b）。

本书的具体目标如下：

（1）记录世界银行及贷款国的水资源从业者和环境专家对环境流量概念的理解演变进程。

（2）从世界银行、其他在本领域具有经验的组织（联合国开发计划署、联合国教科文组织、联合国环境规划署、世界自然保护联盟、国际水管理研究所、自然遗产研究所、大自然保护协会、世界自然基金会）、部分发达国家和地区（澳大利亚、加拿大、欧盟、美国）及发展中国家和地区（中亚、中国、印度、莱索托、湄公河流域、塞内加尔河流域、南非、坦桑尼亚）落实环境流量的过程中总结经验教训。

（3）制定分析框架对环境流量因素进行更有效整合，用以指导：①水资源基础设施项目的规划、设计及运行决策的制定；②与环境流量相关的法律政策、体制及应用能力的发展；③修复工程项目。

（4）为更好地将环境流量考量因素纳入到贷款业务的筹备和实施环节提供改善技术指南的意见。

本书的主要读者群体为参与水资源政策对话、江河流域规划及管理、投资贷款项目并负责水资源投资规划、设计及制定运行决策的世界银行任务团队领导人和水资源及环境专家。各专业组织、各发展组织和非政府组织中的专业人员以及参与水资源政策、规划及相关项目的国家也可参阅本书。

1.3 研究方法

本书参考了大量的统计数据及文献。其中，国际文献为发达及发展中国家提供了环境流量的相关信息和方法。而世界银行文件及出版物则为这些信息和方法提供了补充信息（Davis and Hirji，2003d）。

世界银行内部对环境流量的理解一直在持续变化，而这个变化来自于对世界银行在贷款业务及技术援助中为环境流量提供支持服务的经验总结。（Hirji and Panella，2003）。本书中选取了于 20 世纪 90 年代建设的水资源基础设施项目，考察在 1993 年水资源管理政策颁布后，人们对环境流量问题的认知度是否有相应提升；分析了世界银行的国家水资源援助战略对环境流量的认可度和整合度；还考察了世界银行-荷兰水伙伴项目（BNWPP）❺关于环境流量的服务窗口所提供的援助。

本书在解决环境流量相关问题时的经验主要源自 17 个涵盖水政策、流域规划及投资项目的深入分析报告。大部分案例分析包含了在水政策和流域规划中引入环境流量概念以及在新基础设施开发和既有基础设施的重启及恢复重建中进行环境流量评估的全球最佳实践范例。其中 8 个案例的分析对象为世界银行所支持的项目。这些案例均采用统一的研究方法进行分析，由此考察环境流量项目的有效性、厘清促成该类结果的因素（体制驱动力）并总结不同背景下实施环境流量时所获得的经验。此外，通过对世界银行及其他组织支持的其他环境流量项目、世界银行-荷兰水伙伴项目环境流量服务窗口提供的技术支援以及国际发展组织和非政府组织负责的环境流量项目进行全面回顾，从中获取对环境流量实施具有指导作用的补充信息。一份将环境流量纳入到水力发电的规划、设计及运行决策制定中的独立技术指南是经济与部门分析工作中的一个关键要素。

1.4 内容框架

本书组成部分包括概论、主体九大章节（分四大部分）、结尾五份附录。第 1 章提供了部门分析的背景及依据，归纳了分析中采用的研究方法。第 2 章为环境流量的简介，内容涉及下游区域对环境流量的要求、环境流量的定义、生态系统服务功能、各国对环境流量不同接纳程度、环境流量在政策制定、规划设计及项目工程中的应用、环境流量与水资源综合管理以及环境评价三者在战术及战略两个层面的联系、环境需水的评估方法等。第 3 章讨论了世界银行将环境流量纳入其工作范畴的过程，包括世界银行内部对环境流量的逐步采纳过程、国家水资源援助战略中对环境流量问题的纳入考虑过程、在世界银行-荷兰水伙伴项目环境流量窗口下提供的援助、世界银行与其他提供环境流量援助的国际发展组织的合作。第 4 章至第 7 章对 17 个环境流量案例进行了研究分析。其中，第 4 章阐释了案例研究分析所采用的标准。第 5 章到第 7 章分别展示了政策、规划及项目级别的案例研究中所获得的研究成果。第 8 章总结了迄今为止在水资源决策中引入环境流量概念所取得的成绩以及仍需面临的挑战。第 9 章则就如何有效地在世界银行业务中运用环境流量概念提出了具体的实现框架。

本书末尾附有五份附录供读者参考查阅。附录 A 是《布里斯班宣言》中关于环境流量的章节；附录 B 总结了通过大坝下泄环境流量的设计方案。附录 C 是关于环境流量的相关背景信息。附录 D 阐述了环境流量在国家水资源援助战略中的运用。附录 E 则对向发展中国家提供环境流量相关援助的主要国际发展组织及非政府组织进行了汇总，并且提供了各组织的联络方式。

本书所含的研究案例都已单独出版（Hirji and Davis，2009a）。

注释

❶ 流入海洋的流量是河口地区及近岸海域许多重要生态系统过程的关键要素。关于"水体流入海洋是一种资源浪费"这种说法的观点正在发生改变。

❷ 2007 年在澳大利亚布里斯班举行的河流研讨会及环境流量大会上发布的《布里斯班宣言》是对全球所有政府发起的一项行动纲领。

❸ 大坝蓄水可能会导致上游地区陆生栖息地向水生栖息地转变以及其带来的拆

迁、安置和对被洪水淹没或被洪水影响的土地及财产进行赔偿等问题。

❹　环境战略提出应引入战略环境评估作为达成此目的的工具。

❺　世界银行-荷兰水伙伴项目是一项于 2000 年设立的项目信托基金，旨在通过赞助水资源综合管理的创新方法来提高用水安全和减少贫困问题。现在已有 13 个国家在环境流量服务窗口贷款活动的筹备及实施过程中获得了技术支持。

第 Ⅱ 部分
环境流量：理论基础、
制定标准及援助原则

第2章

水资源决策层面的环境流量制定原则

对有限的优质水源进行公平的分配以满足生产生活的需求是保障经济社会可持续发展的关键。不论是在发达国家还是发展中国家，水资源分配问题一直是民生之本、经济之基，涉及的部门包括干旱频发地区的农业、畜牧业、林业、内陆及河口地区的水产业、水利行业、工业生产中的采矿业、交通运输业和旅游业等。

保障用水是解决贫困问题的关键，也是联合国千年发展目标（MDG）的核心内容。针对这一内容，MDG制定了2015年前将世界不能获得健康饮用水人口数量降低一半的目标，并在制定其他相关目标中明确提出要保障人们能够获取安全、洁净水资源的权利。综上所述，制定保障生存用水的水质水量条款，规范用水问题刻不容缓。

随着全球气候的急剧变化，全世界范围内的缺水问题呈现日益加重趋势。为应对气候变化带来的问题，研究人员常常采取工程措施以形成缓冲区来降低气候对水资源的影响，如建设大坝（大型坝和小型坝）、进行跨流域调水、恢复蓄水层储水、兴建防洪堤坝工程及钻井工程等。在储水基础设施建设上，由于发达国家比发展中国家投资力度大，因此发达国家人均储水量远高于大多数发展中国家（图2.1），而发展中国家，尤其是处于热带地区的发展中国家，相比发达国家会面临更严酷的气候变化考验。加之这些发展中国家本身的人均储水量就比较低，现有的水资源基础设施又存在工作不稳定且修缮不力等问题，导致这些工程无法在洪水和干旱来临时真正起到有效的缓冲作用，增加了这些国家在面临洪水与干旱等极端气候时的脆弱性（Mogoka et al.，2004）。实际上，水资源基础设施能在适应气候变化方面发挥巨大的潜在作用，它能在旱季过长时提供储水，在雨季及极端气候来临时缓解洪水冲击。

多年来，水资源管理者一直从航运、发电、渔业资源、水位涨落和防洪等方面进行流量管理。但随着对流量机理认识的加深，研究人员发现作为河

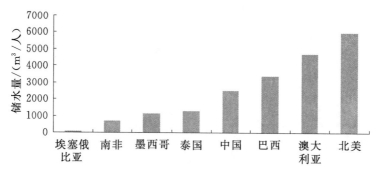

图 2.1 部分国家和地区的人均储水量

（来源：Grey and Sadoff，2006）

流和地下水系统的重要组成部分，环境流量是维持生态系统健康的关键因子，并逐步在水资源管理中开展环境流量保护。南非就在《南非国家水资源法案（1998）》中强调了维持生态基流的重要性。很多国家也都制定了保障生态基流的相关法律条文，还有一部分国家正在进行环境流量相关的政策改革。水资源开发项目虽然能帮助人们应对气候变化，但是这类项目也常常会引起河流水文情势改变❶，影响生态系统健康，导致各类水生物种的灭绝（图 2.2），进而对项目下游地区的发展造成不利影响。例如灌溉、供水或基于不同用途的跨流域调水项目会引起河道水量的减少，而兴建大坝和其他水利基础设施项目则会改变水流形态。实际上，不仅水量大小的变化会影响下游生态系统，水流形态变化同样会导致下游生态系统破坏，因为水流形态与保障生态系统健康、维持生态流量密切相关，因此通过工程措施改变水流的季节性特征、保护受洪水波及的洪泛平原、保持正常枯水期的高流量，都很可能会对下游生态系统造成破坏性的后果。当前水利项目开发对下游生态系统的影响和环境流量研究方法的发展见附录 C。

现阶段，虽然还没有专门针对环境流量的国际协议，但全球许多国家和地区性的协议中都有提及环境流量这一议题。其中影响力最大的两份协议分别为《联合国国际水道非航行使用法公约》（解决河流利用及管理问题的全球协议）和《跨界水道和国际湖泊的保护与利用公约》。世界自然保护联盟（IUCN）也曾制定过全面分析水资源管理和环境流量方面的国际条约和协议（Scanlon et al.，2004）。

针对上下游生态系统的需求及其相关的社会影响，世界水坝委员会在2000 年的工作报告中进行了阐述。报告指出："造成流域生态系统恶化的原因有很多，大坝是其中最主要的物理威胁之一，它分割并转变了水生态系统和陆地生态系统，影响范围巨大，并且针对不同的系统影响的持续时间、规

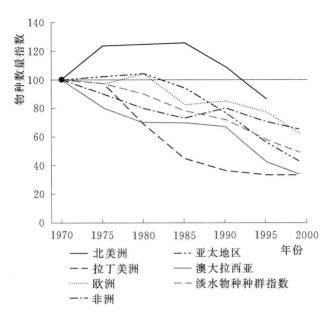

图 2.2　1970—1999 年淡水物种数量指数的变化

（来源：World Wide Fund for Nature，2000）

模和可逆程度都不同。"这份报告倡导要维持河流生态的可持续性❷，同时
这份报告也让国际水电协会意识到了提供环境流量、维持下游生态系统功能
的必要性（International Hydropower Association，2004）。基于报告倡导的
可持续性发展战略，国际水电协会开发了一套自愿性原则❸，即赤道原则，
要求为项目开发提供贷款的大型商业银行对总价超过 1000 万美元的贷款项
目中涉及的社会责任和环境责任进行综合管理。同时协会借用了国际金融公
司对项目风险制定风险分级的制度，规定所有属于 A 分类和 B 分类的项目
都需经过社会及环境评估。

　　大坝并不是唯一会影响水流的水利工程设施。在河流中直接抽水、取水
和排水同样会影响水质、水量和流量分布；以防洪及其他目的修建的大坝会
切断洪泛平原与湿地、河流间的联系，影响相关物理、化学及生物过程；过
度抽取地下水还会影响河流与相关水体交汇处的河流流量。

　　土地利用的变化同样会影响下游河流生态系统。例如将森林开垦为一年
生农作物地一般都会引起蒸散量减少，径流量增加。因为一年生作物的根系
较浅，会造成浅表水体的取水量降低，进而导致水位上升，甚至可能增加进
入河道中的径流量。城市的扩张，不仅会增加雨水径流，还会影响河流流
量。反之，植树造林则会提高蒸散量，减少河川径流，而对河道的侵占则会
增加径流，增加下游洪水的峰值。

2.1 依赖水资源的生态系统服务

河流为发达国家及发展中国家的社区提供了许多重要的生态系统服务（本段内容基于《2005 年千年生态系统评价》凝练）。方框 2.1 总结了河流所保证的生态系统服务的多样性，包括①供给服务（比如供应食品、水、木材）；②调节服务（如洪水调节、疾病防控、垃圾处理）；③支持服务（如营养物循环、河流地貌的保持）；④文化服务（如美学价值）。

方框 2.1

基于流量的生态系统服务范例

供给服务，以柬埔寨洞里萨湖为例。洞里萨湖是位于柬埔寨境内平原中心区域的一个大型浅水湖（ILEC，2005）。雨季时节，洞里萨湖会获得来自湄公河的流量补给。基于雨季降雨量的大小不同，湖泊面积扩大范围为 2500～16000km²。周期性的洪水会将湄公河中含有丰富沉积物的河水带至湖中，构成了该湖域复杂的食物链结构。同时该湖域中还分布着大量利于鱼类繁殖的湿地和洪泛森林。

洞里萨湖是柬埔寨主要的鱼产品基地，每年会为柬埔寨提供 23 万 t 鱼产品，占柬埔寨年均内陆捕鱼总量的 75% 以上，并且为柬埔寨人提供 60% 的蛋白质。这个湖还为当地 300 万人口提供生活用水。另外，洞里萨湖和湄公河的连接河道还是湄公河洄游性鱼类的重要的洄游场地，对湄公河渔场的发展至关重要。

调节服务，以美国密西西比河为例。密西西比河的自然洪泛平原能够使洪水横向扩散，能显著降低下游洪峰数量（Belt，1975）。可是，由于河流上兴建了数目众多的大坝，逐渐切断了洪泛平原和河流的联系，致使洪泛平原由最初的为农业服务转而为工业和城市发展服务。甚至有小区直接建在洪泛平原上。雪上加霜的是，因为通航原因，密西西比河的河道正在逐渐变窄，致使造成洪水位抬高，大大降低了沿河堤防防洪功能。1973 年，由于洪水侵袭，密西西比河出现了决堤事件，大片地区顷刻成为泽国。虽然此次密西西比河遭遇的洪水位比 1844 年圣路易斯的要高 2 英尺，但河中的实际流量却比圣路易斯要少 35%，洪泛平原的吸

收作用被削弱是首因。Belt 在 1973 年洪水发生原因的调查报告中就指出，这次的洪水在很大程度上就是"人为"造成的。

随后 1993 年和 2003 年 6 月发生的两次洪水事件也验证了洪泛平原被侵占会造成不良的后果这一理论。在这两次洪水事件中淹没了农田、城市，并造成了大量的财产损失，这引起了人们对保护洪泛平原的重视。

上述案例表明，土地利用的改变会对河流流量及河流生态系统造成重大影响。

支持服务：乌干达纳基乌伯（Nakivubo）沼泽。乌干达纳基乌伯沼泽接收来自坎帕拉城只经过稍加处理的废水排放已有 30 余年（Kansiime and Nalubega，1999）。该沼泽地区分布有大量的纸莎草和新芒草，能够帮助去除废水中的营养物。

在沼泽的纸莎草分布地，氮磷的去除率为 67%，粪便大肠杆菌去除率为 99%。在新芒草分布地，去除率相对较低，氮为 55%、磷为 33%、粪便大肠杆菌去除率为 89%。

文化服务：特立尼达及多巴哥卡罗尼沼泽。卡罗尼沼泽物种丰富，是特立尼达及多巴哥文化价值的重要体现。调查表明，至少有 157 种鸟类常年栖息在此（Trinidad and Tobago，Ministry of Planning and Development，1999）。卡罗尼沼泽是大量在南北美间迁徙的水禽的繁殖栖息地。尤其值得一提的是，这里也是特立尼达和多巴哥的国鸟蜂鸟的栖息地。但是在过去 30 年，蜂鸟并没有在此大量聚集，这可能是由于该地新增了许多开发项目，包括城市供水取水、公路路堤（显著改变径流模式）、淤泥沉积及游客专用的入口航道项目等，导致该沼泽土地盐碱化加重。

许多地区，特别是发展中国家，高度依赖这些水资源服务来供给蛋白质（通过捕鱼实现）、发展农牧业及薪柴原料。而提供这类服务的基础就是维持生物多样性（《2005 年千年生态系统评价》）。

与生物多样性息息相关的河流本身提供的生态系统服务常常会受到开发活动的影响，造成河流下游的水量、水质以及河流形态发生变化。旱季的灌溉取水会切断河湖间的联系，阻止鱼类洄游；在上游水域兴建大坝进行的河流调节，会降低洪泛平原洪泛流量、减少在退水期间发展农牧业的机会；流量总量和水文情势的变化可能引起河流河道的淤塞，减小栖息地的范围，降低入河废水的稀释率。基于这些影响，世界自然保护联盟在《水和自然愿景》中提议"将水留在河流系统中，为防洪和供水等提供服务"（IUCN，2000）。

其他的水文系统，如地下水系统，也会提供生态环境服务（Dyson，et al.，2003）。因为地下水不仅能为干旱及半干旱气候区提供水源，还能为湿地及沼泽等重要的、依赖地下水的生态系统提供支持。许多浅层地下水系统都与河流相连，地下水系统在旱季为河流提供基本流量，河流又在雨季到来时补给地下水。但是地下水系统同样也会受到上游开发活动的影响。例如，植树造林活动会大量耗水，减少向其他水体输送的水量，进而降低水位，致使下游蓄水量骤减，影响生活用水供应。

河口及海洋系统至关重要。由于河口及海洋系统受到淡水和海水两方面的影响，造成这一系统相较其他水文系统更为复杂。而河口及海洋系统具有极高的经济价值，它能为鱼类和无脊椎软体动物提供繁殖栖息地，是休闲和娱乐的重要场所，还是重要的交通航运通道。当流量总量发生变化时，会导致河口阻塞、红树林及湿地栖息地损失、咸水入侵、营养物及泥沙输入量减少等问题，直接威胁河口及海洋生态系统的经济效益。

不同的生态系统需要不同水文情势（图 2.3）。水流组分的功能又主要由河流系统决定。一般而言，低流量可维持湖泊的连通性，保持水流能沿河流纵向流动；比如一些频繁发生的小水流（一般称为淡水水流）能够为某些物种提供繁殖机会，并且带走沉沙；而发生频率高、流量较大的水流能够为洪泛平原提供淹水，并且促进洪泛平原与主槽之间的沉积物和营养物质的交换。曾有人做过环境流量评估，评估不同生态系统或不同生物体（鱼类、无

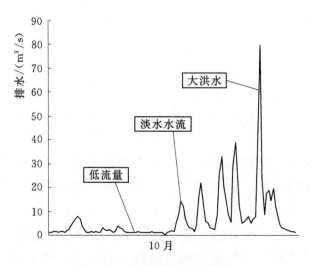

图 2.3　流量状态组成部分

脊椎软体动物、植物）对不同流量组分的依赖性，分析该类生态系统或生物体对流量组成部分变化的敏感度。这类评估结果可作为制定不同水量用途方案时的重要参考。

2.2 环境流量：概念和计算方法

环境流量评估的方法有很多，大致可分为 4 类，即水文学法、水力学方法、栖息地模拟法和整体性方法。许多文献都对这些方法做过归纳（Arthington and Zalucki，1998；Dyson et al.，2003；Tharme，2003）。

早期许多环境流量的计算方法都是以保护单一物种或解决某一单一问题为目的。但是随着研究的深入，人们发现这种基于单一目标计算出来的环境流量并不能满足整个生态系统健康的需求，有时甚至连目标物种的生态需求都无法满足，这可能是因为目标物种的生存不仅仅依赖流量这一单一因素（还有食物网，生境等）。基于这种情况，考虑水文情势的所有组分的整体法应运而生，并逐步引领在流量评估领域占主导地位。整体法考虑了各方用水主体的利益和环境流量的社会效益，具有全面性。整体法最初出现在南非和澳大利亚，随后在全世界推广开来（案例 7 和案例 8）。部分环境流量评估方法的时间要求及资源要求见表 2.1。

表 2.1　　　　部分环境流量评估方法的时间需求及资源要求

方　法	类型	日期及 时间要求	评估期限	结果的 相对置信度	经验水平
Tennant 法	水文指数	中到低	2 周	低	美国：广泛
湿周法	水力学法	中	2～4 个月	低	美国：广泛
专家小组评估法	整体法	中到低	1～2 个月	中	南非、澳大利亚：广泛
整体功能法	整体法	中到高	6～18 个月	中～高	澳大利亚、南非：广泛
河川流量增加法	栖息地模拟	极高	2～5 年	高	美国、英国：广泛
DRIFT 法	整体法	高到极高	1～3 年	高	莱索托、南非、坦桑尼亚： 有限

来源：Davis and Hirji，2003b。

2.3 环境流量与决策制定

环境流量是基于不同流量组分和生态环境之间的响应关系确定的，分配给环境的水量需要服从水资源的整体规划要求。虽然目前对分配给环境的水量没有明确规定，但是在实际工作中，环境流量的制定应首先考虑社会用途，即首先从社会效益上判断哪些用途是重要的，然后再决定解决程度和对应保护的生态系统是什么，最终制定水资源目标。有时，水资源的目标又会反过来用来制定各类服务的用水量。例如，水资源的目标可能是利用地下水资源辅助灌溉农业，若要实现这一目标，依赖地下水资源的湿地就需要做出牺牲，而最终做出这个决定的原因是降低湿地效益，发展灌溉农业，社会收益会增加。

在水资源规划和管理中常常会面临该类选择，环境流量评估正是为解决该问题应运而生的，环境流量评估的目的是核定水资源决策会对下游水生态系统的影响大小，使水资源决策更具有公平性和可持续性。以前不进行环境流量评估时，下游受影响的个人和群体常常会因为无组织、无权利、无话语权导致合法利益无法满足，产生诸多社会矛盾。由此观之，制定水资源决策时，下游受影响群体的需求是非常重要的部分，不容忽视。

目前保障环境流量大致有两种方法。分别针对人工调控河流和其他河流。针对人工调控河流，环境流量方案可以通过定期下泄一定水量进行保障。其他河流，即受调控的河流和不受调控的河流，实施取水管控，保障一定的环境用水量。例如，广泛应用的限制旱季抽水条例，能够保障河道的最低流量。保障环境流量还有许多其他的方法，比如规定个人的环境用水权、制定取水条件、出台大坝运行条例等。当存在水资源市场时，环境流量还可从市场中获得（方框 2.2）。

在某些案例中，保障环境流量的难点在于，在保障经济优先的前提下，确定的环境流量不足以恢复生态系统健康（见第 7 章的部分案例）。一般情况下保障环境流量的途径有以下措施：

（1）通过技术革新提高经济用水的效率，"节约"的水资源可用于环境。

（2）基础设施重启会提高水资源的经济效益，这种效益提高在水利大坝重启中尤为成功。

（3）采用有偿或无偿的形式从消费者手中获取水权。

（4）通过跨流域调水、地下水综合利用、脱盐措施或将部分水资源用于环境等方式来提高供水量（在确认额外资源的获得不会给环境带来不利影响的条件下）。

（5）在城市供水中设立需求管理措施。

其他一些水资源恢复方案将在项目级别的案例中阐述。

方框 2.2

澳大利亚环境用水交易

在澳大利亚国家水资源改革中，环境用水权与消耗用水权拥有相同的法律地位，也可放到消耗用水权交易市场中进行交易。环境用水管理者开始在国家、州及地区层面的岗位上任职，代表环境用水方出现在市场上。这种可交易的环境用水，或称作调整性环境用水方式的优点在于能够进行反周期的交易。即这种环境用水可在价格高的时候出售（一般是在环境无法正常获得大量水资源的旱季）并在价格低的时候回购（雨水充沛季节），由此实现保障生态环境的经费自给。目前距离澳大利亚的环境用水交易市场的全面实施尚需时日，相关机制也尚未经过验证。

2.4 水资源政策、规划及项目中的环境流量

综上所述，在水资源规划及管理决策中引入环境流量有 4 个切入点：
(1) 国家水政策、法律、法规及机构。
(2) 河湖流域级别的水资源分配计划，包括流域管理。
(3) 单一目的或多重目的的投资项目。
(4) 重建（整修及重启）项目。

最后两个切入点在某些操作或概念上有共同之处。两者均涉及基础设施下游的环境流量，并且在以下讨论中，有时会被视作基础设施投资一同讨论。

至少在发展援助机构中，环境流量已经获得了认可，而大坝及其他水资源基础设施的影响也得到评估。发展援助机构要求在建设新大坝或其他基础设施，又或重新启动现有基础设施时，开展环境评估工作之前应对潜在下游环境社会影响进行评估❹。

如果在项目实施阶段才进行环境流量问题的影响分析，则会在很大程度上影响项目的公平性和执行效率。因为在这个过程中，主要决策如建筑物的选址和规模已经确定，更改的可能性很小。从实施的角度来说，在此时才进行影响分析执行效率低下。如：①莱索托高地调水项目（案例 14），在该项目执行过程中才开始采取措施保障环境流量的话，莫哈尔大坝出水口闸就需

要重新设计，卡齐坝也需要增加闸门；②基汉西水电站工程（案例15），该工程水权的授予及执行竞争过程相当激烈。

若在决策的更早、更具战略性的阶段就将环境流量纳入考虑，则有可能获得更为公平的结果。对环境流量而言，这意味着环境流量分配应该被包含在河流流域规划中，并由国家水资源政策提供支持。

将环境流量纳入国家水资源政策的原因有3点：

（1）从政策层面确立环境流量合法地位，将项目级别讨论的重点转变为环境用水量和时机这一焦点上，而非争论环境流量是否为合法用水这个问题。

（2）可通过政策规定环境用水的优先级。

（3）可在政策中规定不同阶段的要求（通知要求、制度责任、时间进度、参与度及与其他措施的关系，比如与环境影响评价和战略环境评估间的关系），确保计划层面或项目层面的环境流量研究有条不紊地进行。

在一些案例中，政策条款常常被纳入法律条款中，这也为政策的贯彻实施奠定了法律基础。在这些案例中，一般会通过制定水资源战略来明确完成政策条款的步骤和负责贯彻政策和法律的责任单位。同时选用流域组织之类的机构来负责这一事宜。

在水资源法律之下制订的流域级别的水资源分配计划界定了不同团体使用水资源的权利，其中包含环境流量要求。这意味着在之后的水资源管理操作中，水资源将会被用来维持重要的生态系统资产及其功能，其中包括承认传统用水权利。基于明确的权利及相关条件制定的水分配计划不仅能够缓解缺水区域的用水压力，为需要获取水资源开发活动的决策提供参考。如开发活动中需要保护的区域、因生态重要性及对下游流量的重要性而需要修复的区域等。其中环境用水条款的水资源政策（案例1～案例5）常常要求在流域层面的水资源分配计划过程中制定（Dyson et al.，2003）。

由此，在计划投资项目需要考虑环境流量要求时，应尽可能多地站在环境流量角度，而非以孤立的眼光看待环境流量，缺乏全局的水资源管理考虑❺。

2.5 环境流量、水资源综合管理及环境评价

水资源综合管理是将环境视为合法用水对象，并且将其纳入水资源综合管理当中。也就是说，如果项目采用水资源综合管理方案，则无需对环境流量进行任何额外的强调。但是，大多数发展中国家都缺乏进行水资源综合管

理的经验，导致这些国家的水资源综合管理的实际贯彻程度非常有限。近期世界银行通过近期的调查发现，发展中国家一般很少考虑环境流量问题（Hirji and Davis，2009b）。本书在水资源综合管理中为环境流量正名，建议在政策及流域规划中将保障环境流量的工作上升到战略层面（图 2.4）。

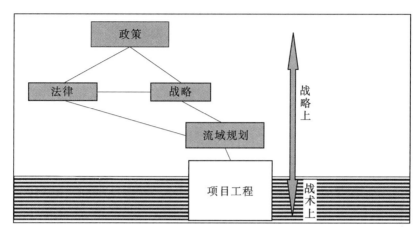

图 2.4 项目级别环境流量分配决策等级

（来源：作者）

环境影响评价是当前认可度最大的规划工具之一，可以系统性地将环境问题引入到与投资项目相关的决策中。许多发展中国家采用的法律规定，基础设施投资计划中应包含环境影响评价，而这些国家的发展伙伴（如世界银行及地区发展银行）也对资助项目的环境及社会影响进行了评价。世界银行制作的《环境评价数据手册》中就涉及了大量关于环境流量评价的内容，规定了水资源部门如何支持环境流量评价（World Bank，1991），《环境和水资源技术说明》对这类问题进行了补充。

如果项目设计完成阶段才对环境流量进行评估常常为时已晚，这类会对项目产生最终影响的决策应当在政策、项目及规划的早期阶段进行。因此，战略环境评估应当作为一个工具，运用到项目的政策、立法、战略方案和规划等各个环节中去。

综上所述，基础设施建设对下游的影响应当作为项目规划和设计研究工作的一部分（可用环境影响评价或其他恰当的规划工具辅助评估）。但是，在实际工作中，通常很少或完全没有进行下游影响评估，涉及要进行环境影响评价时，常常采用敷衍了事的态度，即只是将环境作为一个独立的事件进行考虑，完全不在乎各个系统的交互影响，由此造成人们对环境影响没有客观的认识，进而影响项目的正常运行。如何将环境流量技术作为有效的工具，运用到规划研究、环境影响分析和战略环境评估中去，这需要水资源规划者、环境影响评价业内人士以及社会科学家的共同努力。

注释

❶　"河流系统"指河流及与其相关的其他水文单元，如湿地、洪泛平原及河口。

❷　原则包括意识到"制订因地制宜的环境流量方案，可以帮助维护依赖该环境流量的下游生态系统及区域"。

❸　详见 http：//www. equator-principles. com/。

❹　世界银行 10 大保障政策要求对广泛的潜在环境影响及社会影响进行评价。

❺　参见大自然保护协会及自然遗产研究所即将出版的作品，作品中指出："如果区域发展计划为水及能源的开发及环境保护设立了广泛的区域、国家和（或）河流流域目标，并且该区域发展计划还辅以对特定河流上的个体大坝或大坝泄水进行更为详细、规模也更大型的流量评估，社会目标的完成情况才会更加让人满意。"

第 3 章

环境流量与世界银行

世界银行及其发展伙伴受 1992 年举办的水资源及环境会议（都柏林）和环境峰会（里约热内卢）影响，在整体上加大了对发展中国家环境问题的支援力度。

世界银行，与全球水资源共同体一样，承认水资源开发会对上下游产生重要的环境影响，并将该理念贯彻到实际工作中。1993 年推行的《水资源管理政策》是世界银行环境可持续水资源开发工作的开端，该政策指出："在水资源项目的设计及实施中应加大投入精力，尽可能缩小影响范围，保障生态系统的健康。"

本书选取了在 1996 年（考虑到项目筹备时间，我们选择了 1996 年作为 1993 年政策生效之后开始产生影响力并引导相关大坝兴建项目考虑环境影响的最早时间）前后世界银行资助的部分大坝项目进行分析，展示世界银行对下游环境问题不断深入的认识过程。

重点考察 1993 年政策批准后，下游流量相关影响是否得到了更多关注。

世界银行资助的这些项目涉及新建大坝和既有大坝整修❶两种类型。这些项目的项目评估文件（PADs）、自评文件（SARs）及环境影响评价文件均使用英文写作。本书在每个区域至少选择了一个项目。最终挑选出 28 个 1996 年前批准的大坝项目和 10 个 1996 年后批准的项目进行分析。

本书针对所选项目的评估文件、自评文件及环境影响评价文件中是否涵盖上下游潜在影响方面的内容进行了分析。发现这类影响主要被限定在生物物理影响范围内，内容涉及大坝下游水文情势和大坝上游的蓄水水位变化等（表 3.1）。本书侧重研究大坝对环境产生的影响，而非因建设过程产生生态影响的项目。

表 3.1　　　世界银行资助的大坝项目分析中涉及的生物物理影响

生物物理影响	大坝上游	大坝下游	评　注
泥沙	√	√	
防洪	√	√	一般对下游有利；可能引起有害的上游泛洪
渔业	√	√	一般对上游有利；一般对下游不利
水草	√		
农业灌溉	√	√	
盐水入侵		√	
洪泛平原流灌		√	
堤岸及海岸线侵蚀	√	√	
生物多样性损失	√	√	
地下水补给		√	
水生栖息地退化	√	√	
水文变化	√	√	相关文献表明流量状态变化不与下游影响中的生态物理影响特别相关

来源：作者。

对该类项目环境影响的考察深度可分为粗略考察（一般仅有一两句提及）、一般考察（至少有一段具体阐述）和详细考察（详细的评估，有量化数字）。虽然这种分类存在一定的主观性，但依然能在一定程度上说明大坝项目筹备文件中对生物物理问题的分析深度。

与大坝相关的项目文件中涉及上下游影响问题的检验次数见图 3.1。由于不同时期调查项目的样本数量不一致，因此比较不同时期的次数意义不大。但是，同一时期内上下游事件的比率却能显示出对某大坝上下游区域的不同重视程度。

相对于对上游产生的影响而言，1990 年前的项目筹备文件中对下游产生的影响很少提及。1996 年前，由于大坝造成的影响事件中只有 27％发生在大坝的下游；1996 年后，大坝下游影响事件比率升至 51％。1990 年后对大坝下游影响问题的研究呈现增加态势。在 1990 年前，已知记录的 38 个影响事件中，只有 2 个事件开展了详细考察。但在 1990 年后，每 68 个事件中，就会有 30 个是经过详细考察的。这与环境及社会问题总体处理深度的大幅提高相一致，也与 1993 年水资源管理政策实施后，人们对下游影响的关注度的上升相一致。

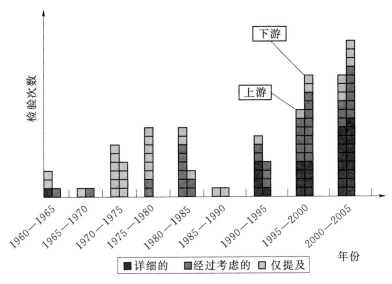

图 3.1   与大坝相关的项目文件中涉及上下游影响问题的检验次数
来源：作者。
注意：1975—1980 年未发现任何项目文件中涉及下游影响问题。

3.1 国家水资源援助战略

世界银行于 2003 年提出了国家水资源援助战略，同时世界银行在不同国家和地区开展了不同形式的水资源管理支援活动。该战略界定了世界银行在各国水资源问题（包括环境问题）中的援助事项。

截至 2010 年，世界银行已制定了 18 份国家水资源援助战略。这些战略总结了各国及各地区面临的主要水资源问题，并相应地制定了各国处理该类问题可行性战略方法。

本书基于对国家水资源援助战略，分析了各国及世界银行对环境流量的认识程度，并调研了这些国家水资源援助战略的建议是否有应用于实践（表3.2）。具体分析国家水资源战略是否涉及以下几个方面：

（1）是否提议在国家或地区水资源政策及法律中纳入环境流量。

（2）是否提议在流域层面的水资源项目中纳入环境流量要求。

（3）是否在评估新建基础设施项目时，提出引入或加强下游环境流量评估的措施。

（4）是否在整修现有大坝及其他基础设施时，确认提供下游流量的可能性。

（5）是否提议在环境流量评估中及相关程序中进行技术培训。

表 3.2 水资源援助战略中引入环境流量的国家和地区

国家或地区	基础设施调节	过度取水	过度排水
孟加拉国	简要提及大坝对上游的影响	简要提及灌溉取水对上游的影响	
中国	高度重视环境流量管理	因地表水及地下水的过度使用对淡水及海岸环境产生破坏	
东亚及太平洋地区		建议优先考虑环境用水需求的水资源分配计划	
埃塞俄比亚	少量提及水电大坝的环境流量需求		
印度		总体认为需要转变态度以保障环境利益	
伊朗伊斯兰共和国	提出大坝开发将导致湿地环境恶化		
伊拉克	承认上游大坝已经改变了湿地流量，减少了洪水脉冲	承认因农业及城市取水减少了流量	排水影响了沼泽流域
肯尼亚	简要提及大坝的下游环境影响	简要提及纳瓦沙湖及塔纳河取水带来的生态系统恶化	
湄公河流域	包含拟建大坝对流量的影响	包含灌溉量扩大的影响	
莫桑比克	详细描述大坝对流量的影响		
巴基斯坦	承认大坝正在减少流往湿地及印度河三角洲的洪水流量	提及取水对三角洲及临河湿地的影响	
菲律宾	要求对新基础设施进行环境流量评估	承认环境流量影响地表水及地下水系统	
坦桑尼亚	描述因大坝与流量相关的冲突所产生的问题	描述为环境预留水资源的需求	

来源：作者。

注：柬埔寨、多米尼加共和国、洪都拉斯、秘鲁、也门共和国未对环境流量问题进行讨论。

附录 D 提供了对上述分析的归纳总结。

由于一些国家并不存在水资源短缺问题，因此，让所有的国家水资源援助战略都考虑环境流量问题并不现实。但是那些存在水资源压力的国家，尽管存在保障环境流量的问题，也未给予足够的重视。即便如此，将环境流量执行程度的考核纳入到世界银行推荐的国家水资源援助战略中，已成为评估环境流量问题是否在水资源规划和管理中被认可和主流化的晴雨表。据统计，有 4 个国家的国家水资源援助战略（柬埔寨、多米尼加共和国、秘鲁及也门共和国）对环境流量及同类问题只字未提。而伊朗伊斯兰共和国只在一项建议行动中捎带提及："制定和编写必要的指南，以研究执行水资源开发计划对水质和水生生态系统的影响。"

与之相对的，是一些国家（如中国、菲律宾及坦桑尼亚）的国家水资源援助战略对环境流量问题进行了深入细致的探讨。中国的国家水资源援助战略以海河流域为例描述了地下水的过度开采带来的问题，过度开发利用地表水导致中国北部大部分地区的环境流量不足。环境流量不足问题又与水污染问题一起导致水资源量的减少和水质恶化，极大地破坏了淡水和沿海生态环境。因此，国家水资源援助战略建议将包括环境流量在内的环境保护问题视作未来世界银行发展援助的主要议题之一。

3.1.1　政策及法律

除中国及坦桑尼亚外，没有任何国家水资源援助战略提出将环境条款加入到国家水资源政策及法律中。中国和坦桑尼亚这两个国家都已制定与环境流量相关的法案或政策。《中华人民共和国水法》（2002 年）包含了环境及生态保护条款，而《坦桑尼亚国家水资源政策》（2002 年）则规定流域层面的规划中应编制环境流量条款。

截至目前，没有任何国家水资源援助战略提出应在国家政策及法律上要求在流域或项目级别中制定环境流量条款，因此，国家水资源援助战略也未要求世界银行在此级别上提供支持。虽然伊朗伊斯兰共和国的国家水资源援助战略认可了新的水资源政策及治理结构的必要性，却并未在新的政策中包含任何具体的环境流量的要求。

3.1.2　规划

共有 6 份国家水资源援助战略认可了在流域水资源规划中制定环境流量条款的必要性，但只有中国和菲律宾的国家水资源援助战略将环境流量要求和地下水使用规划联系在了一起。巴基斯坦国家水资源援助战略表示正在印度河三角洲制订环境流量方案。拟议的援助核心议题之一是促进水资源综合管理，包括环境流量的规定（方框 3.1）。菲律宾国家水资源战略明确要求考虑河流和河口的环境流量并维持地下水位；它还呼吁世界银行协助制定包括环境流量的流域规划。中国国家水资源战略呼吁制定全国流域规划国家指导方针，其中包括要求考虑向重要生态保护地区提供环境流量。

方框 3.1

流入印度河三角洲的环境流量

　　巴基斯坦于 1991 年签署了《水分配协议》，将印度河的水资源分配到国内不同的省份和管辖区。该协议确立了水权，并保护了未来水权，该协议指明了未来储水行为对环境的影响。同时为分享河流流量，协议还制定了相应的计算公式。另外，这份协议还规定了为抑制海水倒灌需要流入海洋的最小流量。因为各省市对最小流量的观点意见并不一致；由此该协议有必要进一步研究，最终确定科特里拦河坝（Kotri Barrage）的最小泄水量（科特里拦河坝是印度河下游主要的调控建筑）。

　　通过各省市间的深入交流，各省市最终确定了三大研究项目。第一个研究项目确定了科特里拦河坝用于控制倒灌入印度河三角洲的海水的最小流量。第二个研究项目解决了河水及沉积物流造成的环境影响以及两者在科特里拦河坝下方的季节性分配。第三个研究项目解决了与科特里拦河坝上游的水资源管理相关的问题。这些报告由独立的专家小组进行评估。

　　为抑制海水倒灌、保障渔业和环境可持续发展、维护河道基本形态，专家组建议科特里拦河坝应保证每年有 5000 立方英尺[①]每秒的最小下泄流量。同时，每五年应有一次集中性的洪水，释放 2500 万亩呎[②]的水量，以保障红树林和沿海水域的沉积物供应。最后，专家建议任何在该河段上游进行的水资源开发活动都要进行环境流量评估。

　　来源：González et al.，2005。

　　① 1 立方英尺＝0.0283168m³。

　　② 1 万亩呎＝40.4685642km²。

一些国家水资源援助战略为解决跨界水资源争端问题提供了管理思路。孟加拉国、莫桑比克、坦桑尼亚及伊拉克等国家水资源援助战略就阐述了跨界水资源规划需做的工作，工作内容涉及保障维持下游生态系统的流量。伊拉克国家水资源援助战略分析了美索不达米亚沼泽出现干涸的原因，部分是由于土耳其上游和叙利亚境内的水资源开发活动导致。湄公河国家水资源援助战略指出该地区的国家需要协调好水资源的规划开发工作。同时该战略对保障环境流量问题持较为乐观的态度，认为环境的可持续发展与开发活动并不相悖，但遗憾的是，该战略并未提出实现这一目标的明确建议。

3.1.3 新基础设施

据统计，目前有 10 份国家水资源援助战略就基础设施开发的需求开展了讨论。其中只有 4 份明确描述了在进行基础设施规划时应确保下游环境用水需求，一些战略（如菲律宾国家水资源援助战略）在其他文件中强调了环境流量的重要性，暗示这些问题应被包含在新基础设施的环境评估中。中国的国家水资源援助战略就对加强环境流量供应在内的环境管理问题给予了高度重视。该战略将为基础设施提供贷款视作解决项目中水资源管理问题的一种方式，以此解决管理中的诸多问题，包括环境目标问题。

3.1.4 基础设施的重建

5 份国家水资源援助战略预测了现有水资源基础设施的整修需求，尤其强调那些维护不力的大坝。巴基斯坦水资源援助战略明确了现今要进行的项目——包括一大批大型基础设施的整修工作和新大坝建设项目。大部分该类老旧基础设施都曾给下游造成了一系列的环境问题；例如，印度国家水资源援助战略就认为"环境债务"一直困扰着该国的水利基础设施，并且该概念仍然没有获得重要决策者的广泛认同。只有两份国家水资源援助战略特别指出了解决这个问题的方案。例如，莫桑比克卡奥拉巴萨大坝（Cahora Bassa Dam）（包括两份新的项目提案）经过重新谈判获得所有权后，终于恢复赞比西河的环境流量，修复了河流下游退化的生态系统。

孟加拉国水资源援助战略提议在恒河上进行环境流量研究，评估既有和拟建的基础设施给人类和环境带来的影响，并以此作为确定环境流量的科学基础。但是，由于该基础设施位于印度境内，孟加拉国国家水资源援助战略便没有包含任何对其进行整修的议案。肯尼亚水资源援助战略承认现有大坝给下游带来了社会及环境问题，并且提出了改善未来环境问题的项目计划。但是该战略并未给出修复和改善环境问题的具体实施条例。

3.1.5 培训

几乎没有国家水资源援助战略提到培训实施环境流量的技能和分享环境流量经验方面的要求。在这一点上，坦桑尼亚水资源援助战略开创性地包含了一个全面的环境流量培训项目（方框 3.2）。巴基斯坦水资源援助战略也包含了培养涉及水资源规划和管理方面（也可能包括环境流量供应）的新一代水资源专家。伊朗的水资源援助战略提议对许多主题进行培训，其中包括"水和环境"主题。

方框 3.2

坦桑尼亚拟推行的环境流量项目

这份计划（由世界银行-荷兰水伙伴项目环境窗口支持）主要涵盖十项内容，涉及各类活动，以期在坦桑尼亚建立保障环境流量的长期可持续发展的水资源管理决策机制和项目运行机制。该计划涵盖的活动有大有小，大的可以持续几十年，小的可能立即生效，尽管存在一些任务重叠的问题，但是这些活动正在有序推进：

（1）课程培训：学习环境流量框架及方法。

（2）对框架进行定义和评估：变政策为行动。

（3）环境流量方法试运用：实践运用框架内容。

（4）研究国外案例：学习国外先进知识。

（5）开技术研讨会或座谈会：深入讨论现阶段任务。

（6）寻求技术支持：检查已经完成的工作。

（7）建立国家数据库：组建一个环境流量数据库。

（8）建立网络共享机制：经验共享。

（9）深入研究：技术改进。

（10）推广战略：普及专业术语。

来源：World Bank，2006c。

3.2 世界银行-荷兰水伙伴计划

2000 年 3 月，荷兰政府在海牙举办的第二届世界水论坛之后便制定了世界银行-荷兰水伙伴计划。该计划旨在支持世界银行业务，并推动世界银行贷款国及其他发展共同体的水资源综合管理创新方法的发展。该计划通过与各水资源综合管理议题相对应的子项目（窗口）进行操作。每个窗口都有一个专家团向世界银行旗下的业务提供援助，以提高他们当前业务的质量。同时该计划还注重总结实践经验和进行实践创新（World Bank，2001a）。

世界银行-荷兰水伙伴项目还特别设置了一个专门处理环境流量分配问题的窗口❷，旨在协助世界银行贷款国在水资源项目的初期开发管理中考虑环境流量问题，这个窗口由部分权威的国际专家组成的专家小组提供技术支持，协助世界银行工作人员和贷款国工作人员解决环境流量问题，当然并不是所有的问题都需要专家，这个窗口还为世界银行的许多项目的决策进行环境流量评估，其中许多项目甚至处于初期阶段。世界银行-荷兰水伙伴计划为世界银行提供项目援助的摘选见表 3.3。

综上所述，世界银行-荷兰环境流量窗口能为世界银行项目提供重要的技术支持，如在莱索托高地调水项目，世界银行-荷兰环境流量窗口分析了不同环境流量方案的经济影响，并对该项目的实施全过程进行了经验总结。在中国宁波的水资源及环境项目中，世界银行-荷兰环境流量窗口还协助制定了关于项目开发对下游影响的分析报告。

世界银行-荷兰环境流量窗口为基汉西水电站下游环境管理项目提供的援助，为坦桑尼亚的环境流量持续发展奠定了基础。世界银行-荷兰环境流量窗口还为湄公河委员会制订保障环境流量方案提供了技术援助，派遣了相关专家，为该流域保障环境流量工作提供了专业意见。同时窗口还在阿塞拜疆、厄瓜多尔、乌克兰、乌兹别克斯坦等国家的水利、灌溉及流域管理中的环境流量普及和推广中发挥了重大作用。

其他窗口的支持活动成效尚未凸显，如向奇利卡流域水资源部门和奇利卡发展部门提供的大量培训及指导工作，由于纳拉吉拦河坝（Naraj Barrage）尚未在调度运行中考虑环境流量问题，其效果还有待进一步考证。而对墨西哥水资源政策改革提供的技术支持，能否推进该国在国家水资源政策中考虑环境流量，前景并不明朗。

表 3.3　世界银行－荷兰水伙伴计划为世界银行提供项目援助的摘选

项　目	地　区	行　业	世界银行－荷兰水伙伴 项目活动类型	问　题	成　果	状　态
莱索托高地调水项目	非洲	供水行业	环境流量评估的经济分析及环境流量政策开发的传播及实施结果分析	(1) 环境流量要求评估； (2) 遵从早期协定协议设定的流量建议； (3) 重新设计出水口，保障所要求环境流量的出流条件； (4) 流量协议的执行	(1) 莱素托设立了必要的环境流量； (2) 开发了综合评估方法的制定（DRIFT：下游对流量转变的响应）； (3) 成功对出水口结构进行更新设计； (4) 每五年对河道内流量政策进行的绩效审计	完成
基汉斯下游环境管理项目	非洲	水力行业	国家环境流量评估能力建设工作援助	(1) 水坝项目启动后对稀有濒危生态系统的保护； (2) 电力生产高度依赖用水国家； (3) 水坝改扩建的高成本	(1) 濒危鳟鲸物种的界外饲养； (2) 确定环境流量条款协议及水力发电用水权； (3) 集水区管理计划的制订； (4) 设立环境流量评估专业培训课程	一期完成；二期支持工作进行中
湄公河水资源利用项目	东亚及太平洋地区	水利；灌溉	湄公河环境流量评估初期技术援助、帮助湄公河委员会制定并实施流量条款	(1) 跨边界背景下的上游水坝拟开发项目； (2) 下游捕鱼及农业生产对流量状态高度依赖； (3) 流域国家间开发目标的分歧； (4) 重要水生生态系统的维持	(1) 水文及水力模型的开发； (2) 验证开发背景流量； (3) 聘用世界银行－荷兰水伙伴专家作为湄公委员会的环境流量评估顾问	世界银行－荷兰水伙伴项目支持工作已完成；湄公河环境流量评估正在进行

续表

项 目	地 区	行 业	世界银行-荷兰水伙伴项目活动类型	问 题	成 果	状 态
印度奥里萨邦水资源项目	南亚	灌溉	为纳拉吉兰水坝制定环境敏感性运营条款提供技术援助	(1)流任奇卡湖流量的改变及及来自集水区的沉积量的增加引起湖水和海水交换量减少;(2)捕鱼量,对湖中生态多样性的影响,盐度降低,洪水量增加,水草蔓延;(3)民生损失导致内乱危机	(1)建立水文模型;(2)完成奥里萨邦水资源工作人员的技术培训;(3)提高管理层对环境流量相关认知的理解以及建立流程规范内管理流量	完成
宁波水环境项目	东亚及太平洋	供水行业	为环境用水需求制定和监测提供技术援助	(1)城市供水使河水改道导致下游宁波河的干涸;(2)水资源损失带来的美学及环境问题	(1)环境流量概念的普及及技术培训;(2)环境流量评估方法培训;(3)环境流量科学项目的开发	正在进行
墨西哥	拉丁美洲及加勒比地区	水政策	为回顾满足环境需求的水政策和项目的影响;用经济工具来提供环境用水	(1)为解决需求冲突而对水政策进行改革;(2)缺乏环境用水方面的经验	未知	正在进行
阿塞拜疆那-阿拉兹流域的恢复	欧洲及中亚	灌溉行业	为在新基础设施项目及重建基础设施项目中纳入环境流量要求提供技术援助	湿地及湖泊的严重恶化	为环境流量概念普及和实施提供培训课程	完成
厄瓜多尔水利保护项目	拉丁美洲及加勒比地区	水利行业	两个拟建水力发电站的环境流量需求初步研究	(1)河流恶化,稀有濒危鱼类出现;(2)厄瓜多尔无任何环境流量政策或经验	环境流量需求初步评估;未进行全面分析	完成

3.3 世界银行保障政策

世界银行制定了10项保障政策，以支持在项目设计过程中或贷款国在决策过程中考虑环境与社会问题（方框3.3）。这些政策适用于投资贷款业务，包括部门投资贷款、金融中介机构贷款、应急处理、全球环境基金（GEF）及碳金融业务。业务政策（OP）8.60/银行程序（BP）8.60旗下的发展政策贷款业务，虽然未包含在保障政策中，但也需要借助战略环境评估、贫困分析、社会影响分析和其他分析进行环境及社会审查。投资贷款和发展政策贷款业务受世界银行公开条款约束，遵守公开咨询和披露的相关规定。所有这些政策都可能涉及对下游的影响，具体取决于拟议开发计划或项目的范围和性质。

方框3.3

世界银行保障政策

业务政策/世界银行程序4.01环境评价。这是一项保护政策，要求进行环境评价，分析各种潜在影响。

业务政策/世界银行程序4.04自然栖息地。除非没有替代性选项并且蕴藏巨大净利润，尽量规避改变或破坏自然栖息地的工程和措施。

业务政策4.09害虫管理。保障公共卫生环境和规避农业项目中的病虫害问题。在合理的情况下支持使用化学方法。

业务政策/世界银行程序4.12尽量避免移民。尽量避免移民，若无可避免，则必须确保移民充分知情，且要保证项目移民后居民的生活等于或高于原有的生活水平。

业务指令4.20本地居民。确保本地居民充分知情并参加项目讨论，保证居民不会受到负面影响，并能从世界银行资助的项目中获得与其文化相符的社会经济利益。

业务政策4.36林业。合理运用森林的发展潜力，减少贫困，将森林纳入经济可持续发展、环境服务及森林价值的保护中去。

业务政策/世界银行程序4.37大坝安全。确保新大坝的修建及运营符合国际公认的安全标准，同时确保项目中使用的既有大坝已通过安全检查，并进行了必要的更新换代。

业务政策/世界银行程序 4.11 物质文化资源。避免或尽量减少给有价值的历史及科学信息、经济及社会发展资产与风俗文化等有形文化资源带来负面影响。

业务政策/世界银行程序 7.50 国际航道上的项目。在国际航道上的拟建项目应知会受影响的沿岸国家，如果存在反对意见，应将提案转交给独立专家进行评议。

业务政策/世界银行程序 7.60 争议地区项目。确定相关政府认同该项目在争议地区的实施且不会破坏其他政府主权的宣示。

现在已经有大量的材料可支持环境评价（业务政策/世界银行程序 4.01），例如环境评价手册（World Bank，1991）及其专题材料。此外，水资源及环境技术说明中关于环境流量的部分也针对环境流量问题做了简要介绍。

3.4 组织机构合作

在组织合作形式上，世界银行采取政府组织和非政府组织两手抓的政策，政府组织包括丹麦国际开发署（DANIDA）、国际水资源管理研究所（IWMI）、联合国环境规划署（UNEP）、联合国开发计划署（UNDP）、联合国教科文组织（UNESCO）以及美国国际开发署（USAID）。非政府组织包括世界自然保护联盟（IUCN）、自然遗产研究所（NHI）、大自然保护协会、世界自然基金会（WWF）等，同时世界银行也与向发展中国家提供资金或技术援助、帮助其贯彻实施环境流量评估、保护下游生态系统的研究组织保持亲密协作。协作内容包括：为专项重建修复工作及新建基础设施项目提供长期的技术援助，评估环境流量；针对一些河流的流域计划，提供环境流量的技术援助、资金援助、专家援助。

世界银行在全球各个地域、各个国家及流域等多个级别和层面与国际发展组织及非政府组织合作，结合区域特征，充分汲取这些组织在环境流量评估方面的经验并应用相应的专家资源，推广保障环境流量。基于与世界银行的合作基础，大自然保护协会及自然遗产研究所等组织为世界银行编制了一套将环境流量引入水利大坝的规划、设计及运行的技术说明（方框 3.4），为经济部门评估环境流量经济效益奠定了基础，本书的部分内容也引自该说明。同时，自然遗产研究所还与全球环境基金、非洲发展银行及世界银行合作，共同检测重启大坝的适应性，以此提高大坝的环境绩效。附录 E 梳理了国际发展组织和非政府组织的环境流量方案。该附录旨在为世界银行工作人员厘清活动类型和未来合作的潜在机会。目前，可以结合环境流量评估实施方面的经验，以及世界银行在贯彻基础设施项目和水资源政策改革方面的经验，来提高各类组织的协作水平。

方框 3.4

在水利大坝的设计阶段考虑环境流量

在水利大坝的设计开发过程中，一些结构及运营因素，能够帮助整合环境流量目标，这些因素包括：

（1）各类出水口及涡轮发动机。

（2）多级别选择性抽取出水结构。

（3）水库的反调节能力。

（4）电网互联。

（5）梯级水库联合调度。

（6）洪泛平原的洪水管理。

（7）沉积物旁的通沙道以及冲沙闸。

（8）鱼类洄游通道。

所有上述因素都应在大坝规划及设计之初就应该考虑。

大坝项目的运行目标可能会受到社会关注、科学及技术发展状况及气候变化等因素影响，所以大坝的运行部门应保留一定的调整空间。经验表明，使用经济的方式对现有大坝进行调整（称作"重启"），并且在这过程中不影响社会和经济，具有可操作性。大坝运营者可以利用不同的水资源或能源管理技术，提高水库蓄水、泄水的能力，将环境流量释放到下游河道及洪泛平原中，以此实现大坝的重启。但是，在大坝的规划及设计中考虑环境流量因素比对现有项目的设计及运营进行调整或改善要更简单，性价比也更高。

来源：大自然保护协会及自然遗产研究所。

注释

❶ 如果有项目需要在现有大坝中安装涡轮机及其他设备，而这些建设工程涉及的修复工作是并不会对流量造成潜在影响，这样的项目不包括在内。

❷ 两个其他窗口即河流流域管理和大坝发展，可能会引入环境流量内容。但这两个窗口支持的活动尚未经过审核。

第Ⅲ部分
环境流量实践案例分析

第4章

案 例 评 估

　　本书选择了 5 个政策层面、4 个流域/集水区或层面、8 个项目层面的案例进行分析，从而识别在政策、规划和项目中促进或阻碍环境流量评估的相关因素。案例研究中还分析了引起环境流量评估和促进其实施的驱动因素。

　　案例分析涉及多种体制背景、地理区域及经济发展水平（Hirji and Davis，2009a）。为总结成功案例的经验，本章介绍了世界银行资助的 8 个项目，以及世界银行未资助但可代表国际最高水平的 9 个项目。

4.1　最佳实践标准

　　国际影响评估协会针对实施战略环境评估制定了最佳实践标准（IAIA，2002a）。这些规则经过修订后，对前世界银行经济部门曾研究过的 10 个战略环境评估案例进行了分析（Hirji and Davis，2009a）。环境流量评估是一类特殊的环境评价。项目层面的环境流量评估是一种项目环境评价，而流域或集水区规划中的环境流量评估则是一种战略环境评价。因此，本部分项目和规划中所采用的环境流量评估标准是从战略环境评价中衍生出来的（Hirji and Davis，2009b）。

　　为了满足项目和规划中环境流量评估政策需求，人们制定了最佳实践标准。

　　本书中的政策案例研究借鉴了以下最佳实践标准：

　　（1）认可度。在政策（或法律）中认可环境流量是一种合理用水，是提供生态系统服务的必要条件。

　　（2）全面性。政策条款中考虑了水循环的整个过程，以及国家及跨界的环境流量问题。

　　（3）环境用水机制。政策及法律为实现环境目标和提供环境用水提供机制。

（4）参与度。政策及法律应鼓励利益相关者积极参与环境流量需求决策的制定和实施。

决策的制定和实施过程的相关内容：

（1）评价方法及数据。政策及法律应针对信息使用提供指导意见。

（2）审核、监测及执行。政策及法律包括审核、监测及上报环境状况的条款。

流域/集水区规划及水资源项目都应评估涉及以下各方面的程度：

（1）认可度。在制定实施规划及评估项目提案时，各方均应认可环境流量的合法性。

（2）全面性。环境流量评估应包含水循环的整个过程。

（3）参与度。鼓励环境流量成果的利益相关方参与到制定过程中来。

（4）评价方法及数据。应使用公认方法和可靠的数据。

（5）综合性。应综合考虑水资源配置中环境、社会及经济影响。

（6）性价比。环境流量评估方法要考虑性价比，应提供方案中环境流量的成本效益。

（7）正向影响。在计划及更广的领域，环境流量评估应在水资源配置方面产生正向影响。

4.2 制度驱动力

要使环境流量评估发挥实际作用，应将环境流量评估纳入到合适的环境中，并借由强劲的影响力为环境流量评估提供支持。本书分析了将环境流量纳入水资源政策（政策层面案例研究）的驱动因素，也分析了在流域/集水区规划和项目中引入环境流量评估的驱动因素。

在进行流域、集水区、项目层面的案例分析时，引入了制度驱动力。该驱动力来源于项目层面的环境影响评价，也与项目和规划层面的环境流量评估相关（Ortolano et al.，1987。方框 4.1）。

方框 4.1

规划或项目中的环境流量驱动因素

司法驱动力。法院有责任确保政府机构在相关法律框架下贯彻实施环境流量评估条款。司法驱动力在美国被广泛运用。在美国，司法机关在审查政府程序方面具有审批权限。

程序驱动力。立法、法规及导则能够为水资源配置和环境影响评价中环境流量评估提供正规的驱动力。但是程序驱动力在没有环境评估和专业研究等其他方面支撑的情况下，效果并不明显。仅仅靠程序驱动力本身，环境流量估计很可能只是一纸空谈。

该类驱动力还包括外部协议，比如国际公约及区域协定。

评估驱动力。当某个机构要对政策、规划或项目的环境流量评估的实施质量进行评估时，产生评估驱动力。该类独立评估机构具有将流域/集水区规划或环境流量评估驳回进行重新修订的权力，评估机构可就不符合政策要求而征收罚款，也可通过宣传来贯彻实施现有的政策。

资助驱动力。国际发展伙伴为环境流量评估提供了额外的驱动力。许多发展伙伴正式将环境流量评估作为获得贷款的附加条件之一。在支持水资源政策改革时，国际发展伙伴在倡导环境流量的地域，会产生非正式的资助驱动力。在司法驱动力和评估驱动力落后的发展中国家，资助驱动力扮演着中心角色。

专业驱动力。规划人员、专业协会和其他从事政策发展、流域规划的专业人才是推动环境流量评估的有力驱动。专业人士会受到环境流量评估的国际发展甚至是环境可持续发展的影响。

公众驱动力。该类驱动力依赖知情的社会公众、社团为基础的组织及非政府组织，该类公众及组织有动机和自信向政府传达他们对环境权益的看法。这类驱动力在发达国家运用较多，在政府的决策中有公众积极参与的传统，但是对发展中国家也非常重要。地方、国家或国际的非政府组织发起此项驱动力，并将评估结果告知公众。

来源：Ortolano et al.，1987。

但是，促成水资源政策纳入环境流量概念的驱动力，与促成规划及项目的驱动力有所不同。在政策被修订时，有关环境流量的条款包含其中，所以政策驱动包括了前两者。

第5章

政策案例分析：经验总结

政策案例包括了澳大利亚、欧盟、佛罗里达州（美国）及南非，这些国家和地区是在水资源政策中引入环境流量的主要代表（表5.1）。相关政策已实施多年，具有重要的参考价值。澳大利亚及欧盟提供了在跨界政策中实现环境流量的经验。第五个案例是坦桑尼亚，该研究提供了发展中国家在国家水资源政策中引入环境流量的范例。上述案例在 Hirji 和 Davis（2009）的著述中有具体阐述。

表 5.1　　　　　　　　　　　**部分国家或地区水资源政策特点**

政　策	国家或地区	人均 GDP[a]/美元	体制背景	部　门	完成日期
国家水计划	澳大利亚	35990	联邦制	多部门	1994 年；于 2004 年修订
水框架指令	欧盟	4089～89571	邦联制	多部门	2000 年
佛罗里达水政策	美国	44970	联邦体制内的州政府	多部门	1972 年；后继修正案
国家水政策	南非	5390	单一制政府	多部门	1972 年
国家水政策	坦桑尼亚	350	单一制政府	多部门	2002 年

来源：作者。

a　代表内容来自世界银行《2018 年全球营商环境报告》网址：http：//www. doingbusiness. org/ExploreEconomies/EconomyCharacteristics. aspx。

5.1　有效性评估

同第 4 章，该分析依据以下最佳实践标准对项目进行评估：认可度、全面性、环境用水机制、参与度、评估方法及数据、审核、监管和执行。

5.1.1 认可度

确定环境用水的优先权是衡量环境流量在水资源配置中重要性的主要指标。虽然欧盟水框架指令（WFD）中，相对于水质和维护生态健康问题，仅将环境流量作为次要问题，但案例中的 5 个水政策均认同环境用水的重要性。环境流量相较于水资源其他利用形式的重要性在不同国家各不相同。南非及坦桑尼亚政策明确赋予环境流量分配优先地位（首要或次要）。而澳大利亚、欧盟及美国佛罗里达州政策中没有规定环境流量的优先性，但是美国佛罗里达条例明确了除旱季外，环境用水分配拥有高的优先级。在水资源配置中环境流量居于首要或次要地位，可见环境流量的重要性，但要在水资源配置中实现环境用水的优先次序是比较困难的。制定流域的水资源配置时，必须在环境用水和其他用水方式之间进行权衡。除非有明确的程序或机制来落实优先事项，否则在做权衡的时候，无法明确地体现优先级。

发展中国家水政策中应明确环境健康、生态系统服务及人类利益之间的关系。南非、澳大利亚及坦桑尼亚的政策中明确阐述了该类关系。欧盟水框架指令特别关注生态系统健康而非环境流量，该指令未明确规定生态体系健康与环境流量的关系，也未能将保护生态系统健康与人类利益关联在一起。这说明，该政策的目的在于维持一个最低限度的生态系统的健康。为了达到这个目标，如果要改变水文情势，那么就应考虑实施环境流量。同样的，佛罗里达州实施条例提出了保护生态环境的最小生态流量及水位。但未将这些因素与生态系统健康及人类利益联系在一起。最小生态流量与水位的制定一般仅针对地表水生态系统；维持地下水的最低水位的目的在于维持资源的物理可持续性，而不是保护地下水生态系统。

实施环境流量规定需要相当的政治意愿和行政驱动力。虽然除欧盟水框架指令之外的所有政策都明确了环境流量概念，但在不同的国家该类政策的实施有很大差异。南非政策的贯彻实施非常缓慢，原因在于立法过程中的多轮论证、现有用水户不愿承认水资源分配不合理以及环境用水是合法且要优先考虑的。在坦桑尼亚，涉水改革未与其他社会改革绑定在一起，水政策的实施在水资源立法获得通过前便可先行开启。在澳大利亚，虽然水改革的许多程序都已获批，但是水计划的实施还是要慢于预期（虽然澳大利亚已经完成 120 个流域及地下水计划）。在美国佛罗里达州，直到法案通过 20 年后，最小流量与水位政策才开始真正实施（237 个最小流量与水位已经实施，还有 114 个最小流量与水位处于搁置状态）。

在法律中赋予环境用水权与消耗用水权相同的地位，能为环境用水分配提供保障。在南非，仅将生态用水和人类基本需求需水的水权写入了法律，所有其他用水须在保证前两项用水的前提下，获得许可后方能分配。澳大利亚国家水计划（NWI）虽未明确赋予环境水供应任何优先权，但要求环境用水享有与消耗水同等的法律地位。这不仅将环境用水分配与其他用水方式放到同一地位上，还为环境用水水权交易和分配打开了大门。

资源环境政策立法在规划层面和项目层面为环境流量评估确定了合法性，并提供了指导意见。除坦桑尼亚以政策形式，其他国家都提供了立法支撑。这为政策及导则中环境用水条款的贯彻机制确立了法律地位。虽然立法很重要，但坦桑尼亚却提供了案例，在进行水资源配置前无须等待立法。该国已启动了一个流域的环境流量评估试点工作，而其他几个流域的环境流量评估也正在实施或规划中。

一项环境流量相关政策的通过，并不意味着部门间观点完全一致。水资源和环境组织以及涉水相关部门的专业人士承认环境流量概念的合法性至关重要。本章的案例研究说明了不同组织接受环境流量的多样性。在澳大利亚、欧盟及美国佛罗里达州，人们已普遍认可了环境用水的重要性。在坦桑尼亚，水资源及灌溉部门下属的水资源局特别重视环境流量，并率先实施环境流量；虽然环境组织不是主导力量，但是也在投身于培养环境流量评估的能力。一些坦桑尼亚的政府部门，特别是水利开发部门、灌溉部门也认识到环境流量的重要性。在南非水务及林业部门内部，支持保持生态系统服务功能、保证生态流量的工作人员与倾向以发展为主的工作人员存在对立情绪。

同样的困难还曾出现在印度奇利卡潟湖（案例 13）的环境流量评估中。印度国家水资源部门的工程师发现在实施环境流量时很难协调生态和社会需求之间的关系。

5.1.2　全面性

环境条款应涉及水循环的整个过程，包括地表水、地下水、河口及近岸区域。本书介绍的 5 个政策案例全面地认识到了地表水循环连续过程中（湖泊、江河、湿地、洪泛平原）环境功能的重要性。但是只有澳大利亚和南非的政策包括了控制土地利用类型重要性的条款，因为土地利用类型会截断生态系统所需的地表径流和地下水。鉴于该类活动会导致大量水资源的流失，在森林或其他高耗水土地利用分布较广的国家，应将环境用水列入水资源政策。

美国佛罗里达州的政策对地表水和地下水同样重视（所以政策中使用了"环境流量及水位"这一术语），而坦桑尼亚和南非政策也有关于地下水的章节。但是，南非对生态需水的定义中并没有明确包括地下水（van Wyk et al.，

2006）。1994 年澳大利亚政务院（COAG）的水政策中忽视了地下水维持环境功能的作用；这一疏失曾影响巨大，但在 2004 年国家水计划（NWI）得到了修正。最近，2007 年《澳大利亚水法》要求墨累-达令流域的用水应综合考虑地表水和地下水（方框 5.1）。

方框 5.1

水循环全方位管理

只关注地表水而忽视地下水曾给澳大利亚墨累-达令流域的地表水利用带来许多不利影响。在 20 世纪 80—90 年代，为了满足灌溉作物的生长需求，墨累-达令流域的取水活动日益频繁，快速扩张。随着对水环境破坏的关注，1995 年澳大利亚对 1993—1994 年开始的地表水取水量设置了上限。

虽然地表水取水量上限（仅有少数例外）一直在执行，并且一年中地表水取水基本稳定在 112000 亿升，但是流域内地下水用水量急剧增加。澳大利亚地下水许可制度限定一年取水量为 32610 亿升，相当于地表水的 34%。由于地表水和地下水间的连通性，直到 1999—2000 年前取水上限引入之前，地下水取水量的增加造成每年减少 1860 亿升的地表径流。随着对深层地下水的开采，这个数字还在不断攀升，对河流产生的影响日益凸显。

2000 年发布的一份评估报告指出：基于生态系统功能的需水量，而不是任意年份的取水量，用地表水及地下水的统一取水上限代替地表水取水上限。此建议在 2007 年《水法》中得到实施。

来源：Murray-Darling Basin Commission，2000。

入海流量用来维持河口生态系统功能的需求，在澳大利亚国家水计划政策中并未涉及，而在南非政策立法时涉及此项内容。欧盟水框架指令也明确提到为河口提供生态流量的重要性。在佛罗里达州的政策中指出，最小流量和水位适用于沿海水域和河口地区。坦桑尼亚政策明确指出环境用水必须要维持"沿河及河口生态系统的健康和可持续性"。但是，确定河口所需环境流量应在多大程度上被纳入水资源配置是十分困难的。在澳大利亚的一些流域规划中，虽然该类流量并未很好整合，但是已被包含其中。南非在其政策中未明确提出河口生态需水，但在维持河口生态健康的生态需水方面已走在

世界的前列。

在制定环境流量条款时应考虑气候变化。目前没有相关政策明确将气候变化与环境流量评估联系起来。气候变化是澳大利亚国家水计划水资源配置中考虑的因素之一，但未与生态系统功能的潜在影响联系在一起。在南非政策中，有内容提到"人类活动开始对我们的气候产生显著影响"，但是尚未与生态系统功能联系在一起。欧盟水框架指令、美国佛罗里达州实施条例或坦桑尼亚水政策尚未包含气候变化的相关内容，这是重大遗漏。因为预测气候变化将对许多国家的供水及用水产生深远影响，进而影响水生态系统的生存，因此这将迫使政府及社团从水资源范畴区分哪些生态系统是要保护的，哪些生态系统保护起来过于昂贵。

制定环境流量的跨界水资源政策是可行的，但难度很大。跨界水资源共享在南非的水政策中占有重要地位，但跨界水资源共享还未和生态需水联系在一起。澳大利亚和美国佛罗里达州的水资源政策都涉及了跨界问题❶。澳大利亚的政策通过水资源的共同管理实现环境及其他公共利益，而佛罗里达州则把与格鲁吉亚及阿拉巴马州签订的州际协议作为其水政策的目标之一，即便这一目标与环境用水分配没有关联。澳大利亚投入了大量的财力和国家行政资源、大量的国家领导力来推进跨澳大利亚八个司法管辖区环境用水的改善，但是进展要远远慢于1994年水改革启动时的预期。欧盟的经验证明在多元化地区建立统一的生态系统健康政策会耗费大量的时间和财力，但可以为长期的跨国水资源管理提供基础。莱索托高地水利项目（案例14）是一个全新的范例，将新环境流量政策作为跨境水协议的组成部分。《塞内加尔河流域水事宪章》（案例16）及《湄公河流域协议》（案例7）均包含了环境流量的具体条款。

5.1.3 环境用水机制

流域规划中的环境目标可通过多种途径建立。南非及坦桑尼亚政策及法律建立了国家河流分级系统，该系统中国家计划为每一种重要的水资源进行分级，此分级成为水资源管理的一项重要环境目标。根据水体使用功能、生物多样性价值及其他因素，为水体确定不同的等级。在欧盟政策中，通过对比可以发现，所有水资源的环境目标都是相似的，至少是"保持生态系统良好状态"（也包括一些特殊例外）。

澳大利亚和美国佛罗里达州的政策有所不同，但两者都没有引入一个国家分级系统。以地区、国家及国际目标为基础，环境目标成为集水区水资源配置所要满足的目标之一。

所有的方法都有优点和缺点。欧盟方法规定了统一的最低环境质量目标，降低了利益相关者在谈判中牺牲生态健康的可能性，特别是在河流或地下水取水许可发放较多的地区。因此，澳大利亚、美国佛罗里达州、南非及坦桑尼亚的方法具有更大的灵活性、性价比更高，因为竞争性用水具有更高的优先级，并不是所有的水体都必须达到相同的环境标准。

市场机制可被用于提供环境用水，但需要修建基础设施。虽然南非和坦桑尼亚政策承认了利用市场机制进行水权交易的可能性，但只有澳大利亚政策明确要求发挥市场机制，为达成环境目标进行用水分配。然而，尽管澳大利亚水市场运行良好，这项政策执行起来依旧非常缓慢，主要由于政治上的限制，而不是制度法律障碍（Scanlon，2006）。澳大利亚政府在水市场中购买了大量的环境用水，但环境用水配置的交易还不多见。

一旦分配完成，很难将已经分配的用水收回，并再次分配给环境用水。澳大利亚、欧盟、美国佛罗里达州和南非的政策，特别强调了对过度分配的水资源重新分配环境用水。然而，这一规定的实施效果各国却差别很大。在南非，虽然还没有采取任何行动恢复环境用水，但水资源战略承认，目前大约有50％的水管理区域水资源被过度分配。在澳大利亚，由于缺乏环境流量，几个流域生态系统明显退化，但官方很少承认水资源过度分配，即便如此，澳大利亚仍花费数十亿美元用于对重点流域的环境用水进行收回。在美国佛罗里达州，政府也很少承认过度分配，只有一个集水区承认存在过度分配问题。

澳大利亚、欧盟、美国佛罗里达州和南非的经验表明，一旦将环境用水分配给消费用水，想要将其收回是极其困难的，在政治上也不受欢迎。这被认为是澳大利亚和欧盟实施环境可持续用水管理的主要障碍之一（National Water Commission，2007）。在澳大利亚一些地区，即使是在过度分配系统中，以市场价格从自愿出售方购买水资源，也是不受欢迎的。虽然南非还没有使用关于恢复环境用水的立法规定，但是《国家水法》规定颁发新的取水许可证，以取代现有水权。在原来水资源被过度分配时，这将有利于政府降低现有分配来恢复环境用水。欧盟的经验与此类似。西班牙的瓜迪亚纳河流域管理局试图收回已分配的水资源，用水户提出了15000份法律诉讼，造成回收计划搁浅❷。

对过度分配系统恢复的关注，可能分散注意力而忽略对尚未出现问题的系统进行保护。澳大利亚和欧盟政策相当重视当前过度分配系统的恢复以达到环境可持续开发水平。但是，美国佛罗里达州的经验表明，如果只关注生态状况恶化的水体，那么许多得不到重视的天然生态系统直到严重恶化后才会引起关注。因此，美国佛罗里达州的政策要求对未来20年内可能恶化的水体进行识别，并制定恢复或保护战略。这一前瞻性的条款将注意力集中在需要保护系统的管理上。

5.1.4　参与度

即使在政策的要求不明确的情况下公众参与也越来越被认为是必要的。各政策的参与要求各不相同。南非的政策、法律及战略中需要广泛的利益相关者参与，而澳大利亚和美国佛罗里达州的政策促进利益相关者在水资源配置中特定阶段进行参与。欧盟水框架指令在流域管理规划中，制定了广泛的有明确时间要求的公共信息发布及公众评论权利要求，但在设置环境目标或实施环境流量评估时，没有具体涉及公众参与要求。在坦桑尼亚，制定国家水资源管理计划时，只需要征询利益相关方的意见；在制定流域级别的水资源管理计划时，没有明确要求征询利益相关方的意见。

尽管要求不同，但是政策规定付诸实施时，都非常重视利益相关者的参与。例如，坦桑尼亚首次针对一个流域水资源管理规划（案例8）的环境流量评估时，在政策没有确定的情况下进行了广泛的利益相关者参与活动。佛罗里达州的水资源管理区在制定水资源管理计划时，公众参与的程度远远超出了正式要求。

如果没有精心设计以符合各国实际情况，则无法使利益相关者参与其中。然而，如果政策要求与利益相关者的能力与资源不相匹配，公众参与也会阻碍政策执行。公众参与度要求造成了南非环境用水条款的推迟，并且阻碍了西班牙瓜迪亚纳（案例2）上游过度开发的生态修复。

5.1.5　评价方法及数据

水政策中的"最优科学方法"条款也可能成为政策实施的阻碍因素。

1994年和2004年澳大利亚的政策都要求使用"最优科学方法"对环境需水进行估算。与之形成对比的是，南非水政策并未提及所使用的信息是否应为"最佳可利用的"。虽然政策要求不同，但是两国在发展环境流量评估方法，并将其与最好的科学信息一起运用，处于世界领先地位。坦桑尼亚政策也要求应根据可获得的最佳科学数据确定"环境用水"。欧盟水框架指令在进行环境用水决策时并未要求特殊的科学数据输入标准，但要求成员国有责任成为具有科学技术和权威的"良好"的管理者。此外，整个欧盟地区进行了大量的科学研究，用以制定基于优质科学信息的评估程序。美国佛罗里达州也要求基于最佳的可用信息制定决策，但这已经被证明阻碍了环境用水分配的进程，因为人们担心除了基于高质量的科学信息所制定的决策，其他任何决策都将受到法庭的质疑。

水政策中有价值的术语需要相应解释和实施机制作为补充。这5个政策都包含具有价值的术语，如"严重危害水资源或生态"（美国佛罗里达州）、

"保证环境可持续的开采水平"（澳大利亚）及"超出恢复水平的退化"（南非）等来描述无法承受重压下的水资源。但是在实际操作中，这些术语的界定是非常困难的。要确定什么是构成"重大破坏""可持续的开采水平"及"无法恢复的退化"，需要为不同的社会团体提供生态系统服务的社会决策。即使对决策后果有充分的证据，那么做出这类社会判断也是相当困难的，但现实中往往很少有关于各种不同决策所产生后果的信息。例如欧盟科学家们在一些生物、生态或水文问题上看法并不一致。欧盟和澳大利亚已做出重大努力，在实践中定义这些术语。

5.1.6 审核、监管和执行

设立一个独立的监管机构，赋予其制裁权力，这是实施环境用水规定的有效机制。《澳大利亚国家水计划》要求澳大利亚政府对计划的实施进行定期审核。澳大利亚建立了一个特殊的权力机构——国家水务委员会负责监督执行情况，并进行审查。在最初的两年中，如果在澳大利亚国家竞争政策下有大规模水资源改革措施实施不力，委员会有权扣除州政府款项。事实证明，这种规定起到了促进作用。欧盟水框架指令也要求各国向欧盟上报指令的执行情况。欧盟成员国可能因不遵守规定而遭受罚款。尽管目前尚未执行征收罚款的规定，但是该条款有效地约束了将此作为不利政治因素的国家。

这类监管机制已经在政策案例的两个联邦体系中得到应用。虽然澳大利亚和欧盟的经验显示建立报告制度和监督实施进展所带来的好处，但个别国家水政策仍然不包括审查政策执行情况的规定。

需要建立环境指标体系，而监测项目应侧重于这些环境指标，而不仅仅是水文监测。澳大利亚和南非的政策都重视监测涉水计划的效应；这意味着，两国政策都会监测环境效应。南非正在制订一项生态系统监测计划，而澳大利亚各州都已经制定了计划，尽管它们的细节和对环境效果的关注点相差较大。美国佛罗里达州法律还要求水行政管理部门和环境保护部门提交设立和满足最小流量与水位的年度报告。然而，这些报告的内容仅限于上报水文测量成果，并未提供关于生态监测成果信息。

5.2 制度驱动力

在 5 个案例中，环境流量都仅是范围更广的水资源改革中的一个组成部分。因此，驱动力主要由两部分构成：①推动整个水资源政策改革的驱动力；②对在政策中引入环境流量的驱动力（表 5.2）。

表 5.2　推动水资源改革和纳入环境流量的制度驱动力

国家或地区	公众发起及实施					环境流量纳入政策[a]		
	发起	特殊事件	公众	制度	评估	公众参与	科学专业性	国际发展
澳大利亚	联邦政府发起国家水改革，为改革实施提供资金援助	干旱突出了水管理改良的需求	强大的公共压力使澳大利亚的水资源管理更高效和环保	专业水资源管理者支持在水政策中引入环境流量的内容	设立了一个独立机构推动改革，并建议进展改革对无进展改款进行罚款	存在很强的公众压力，遏止水资源的环境恶化	科学研究提示环境恶化，引领科学家倡导环境流量	国际共识为环境水改革提供了支持力量
欧盟	欧盟的设立，协调各国的法律及程序			供水及卫生部门维护生态系统的健康、降低用其他部门水成本；其他部门支持生态系统健康，从而提供绿色产品认证	欧盟有权制裁未满足标准的国家		生态系统专家认为生态系统健康是可持续发展的最佳指标	

续表

国家或地区	公众发起及实施			制度	评估	环境流量纳入政策[a]		
	发起	特殊事件	公众			公众参与	科学专业性	国际发展
美国佛罗里达州	严重干旱突出了水资源管理改革的需求	存在公共压力促进水资源管理、更好地应对干旱				公共及环境组织推动环境修复、特别是湿地修复		
南非	民主政府建立促成了水资源再分配政策	水改革的公共压力是民主变革组成的部分					科学组织积极倡导环境流量纳入政策	国际共识促进环境流量改革
坦桑尼亚	干旱、投资不足及糟糕的水资源管理导致干旱、食品、电力的短缺	公众对水务部门、特别是水电部门的不满促成了水政策的修订	流域及水资源部门的官员，在环境流量纳入政策中具有重要作用			鲁阿哈国家公园支持者对旱季鲁阿哈河的干涸表示强烈不满		国际共识增加了对环境水改革的支持力度，同时受南非水改革的影响

来源：作者。

a 指欧盟水框架指令并未特别包含环境流量内容，案例中的驱动力指政策对环境健康的帮助。

如果专业驱动力和公众驱动力有效结合，特殊事件便可能成为政策改革的有力诱因。5 个案例中的 3 个政策改革至少部分是由于干旱引起的，干旱事件将关注点集中于水资源管理是否公平。在澳大利亚、美国佛罗里达州和坦桑尼亚，严重干旱突出了水资源的过度分配以及由此带来的环境压力。在坦桑尼亚，糟糕的环境规划和管理直到后期显现后，有争议的水权才引起广泛的政治关注（方框 5.2）。南非案例是罕见的由不同的单一事件引起的1994 年民主政府的总体改革，但同时也是在水资源短缺日益严重的背景下进行的。这些不寻常的事件，虽然难以预测和计划，但为水政策改革提供了强有力的刺激，并有机会确保环境的可持续性和环境流量的条款纳入新政策中。

方框 5.2

坦桑尼亚乌桑谷平原的用水冲突

在坦桑尼亚的大鲁阿哈流域（Great Ruaha basin），水资源短缺导致了灌溉用水户和牧民之间的强烈冲突，特别是在旱季。在乌桑谷平原流域，水资源的稀缺已经造成了水土资源的紧张局面。当地农民认为，牲畜增量导致了旱季乌滕古莱沼泽及周边地区对水及草料需求的增长。同时，农业灌溉面积的逐渐扩大，减少了以前可用于放牧的土地数量和牲畜饮用水量。在旱季，牧民和牲畜侵入耕地以获取水源，给庄稼和耕地造成严重破坏，加剧了农民和牧民之间的对立情绪。

英国国际发展部（DFID）开展了一项研究，以科学方式解释了大鲁阿哈流域水资源短缺问题。研究成果表明乌桑谷牲畜数量比之前声称的要少，而且牲畜对水及牧场的需求都在流域的承载力范围内，它们不是造成水资源短缺或环境退化的原因。

坦桑尼亚世界自然基金会与鲁菲吉流域水务办公室（Rufiji Basin Water Office）紧密合作，正在开展一项调查研究，恢复流经鲁阿哈国家公园的大鲁阿哈河生态流量，该研究将拟定出一个简单的流量列表，并对优先选项进行重点分析。世界自然基金会已经设立了一个网上论坛，以促进对潜在方案可行性的广泛讨论。

来源：坦桑尼亚 2002 年水务及牲畜发展部；联络人信息：康斯坦丁·冯·德尔·海登（Constantin von der Heyden）博士，坦桑尼亚世界自然基金会。

公众压力可以成为政策改革的有力驱动力。除欧盟水框架指令之外，公众压力是水资源改革和将环境流量纳入新水资源政策的核心驱动力。在南非，黑人群体强烈要求进行修订水法，为黑人争取平等使用本国水资源的权利。一般来说，尽管生态流量表面上是为了黑人群体的利益，但他们黑人群体对环境流量不感兴趣。在澳大利亚和美国佛罗里达州，公众压力包括民众对环境恶化的认识以及希望看到环境价值回报的愿望。

在政策改革时，科研机构在引入环境流量中发挥主导作用。这在南非的改革中最为明显。南非的科研机构组织完善，利用改革机会与政府官员合作，将大量环境需水条款纳入政策白皮书。

新达成共识的国际协议可以有效推动在国家政策和法律中纳入环境流量。在20世纪90年代初，全球就环境可持续的重要性达成共识，其中包括了水资源管理方面（如都柏林原则），该共识对于将环境流量概念引入南非及澳大利亚的政策中产生了第二次重要影响（美国佛罗里达州的政策和法律比该共识早十年）。在坦桑尼亚，政府官员越来越意识到现有水资源规划和管理决策过程存在薄弱环节，并亟须关注环境用水的新兴国际共识。

5.3　政策经验小结

经过分析5个国家水政策中的环境流量内容，总结出以下结论：

（1）发达国家和发展中国家，正在将环境流量条款纳入其水资源政策。

（2）环境流量研究领先的既有发达国家和地区（澳大利亚、欧盟及美国佛罗里达州），也有发展中国家（南非和坦桑尼亚）。

（3）政策中的环境流量条款应涵盖的重要内容包括：①法律上认可环境流量，理想状态应为环境流量与消耗用水享有相同的法律地位；②环境流量和其所服务的生态系统之间的联系；③在制定环境流量条款时，应涵盖水循环中的全部部分，特别是地表水和地下水；④在流域层面决定环境目标和成果的方法；⑤关注过度分配的水资源系统的修复，同时关注尚未有压力的系统环境流量的保护；⑥明确要求利益相关者参与环境流量决策过程，不阻碍进程的推进；⑦通过独立机构审查政策执行；⑧在进行环境水分配时，只要不妨碍政策的执行，要求使用最佳可用的科学依据。

（4）实施过程中的挑战包括：①获得持续的政府支持，以实施政策中的环境流量条款；②引导产业部门在政策及实践中引入环境流量条款；③获得环境流量条款的利益相关者的支持，特别是在过度分配的集水区和流域；④设立环境目标并确定相关生态系统提供的服务；⑤将"过度分配"及"可持续取水水平"等有价值的术语，转化为实际行动；⑥在满足"最优科学方法"的同时，将环境流量评估程序与可获得的预算和时间相匹配。

注释

❶ 跨界问题是指在一个国家内跨行政区的水资源管理的问题。他们与跨国界水管理问题有许多相似之处。

❷ 这个例子说明了一个相关问题：流域管理机构的管辖区与地下水资源区不一致，特别是深层地下水。

第6章

流域规划案例分析：经验总结

本章选择了包含环境流量评估的 4 个集水区/流域的水资源规划方案进行分析（方框 6.1），包括一个发达国家（澳大利亚）和三个发展中国家及地区（南非、坦桑尼亚及湄公河流域）。Hirji 和 Davis（2009a）阐述过这些案例。

方框 6.1

流域环境流量评估

南非克鲁格国家公园。对于流经克鲁格国家公园的 7 条河流，已经有多项关于环境用水的研究。这些研究始于 20 世纪 80 年代出现的干旱，当时人们担心公园的河流因为上游的取水而导致断流。一些环境流量评估技术，如堆块法（BBM）被用于确定河流流量需求。但是，这些河流流量需求并未得到真正的实施，主要原因是缺乏为公园提供更多流量的水资源分配机制。20 世纪 90 年代末，《国家水资源政策和国家水法》的出台提供了一种可行的机制。南非根据最新研究成果对维持公园生态系统健康的需水量进行了重新估算，作为《国家水政策和国家水法》中生态保护区的生态需水量。

东南亚湄公河流域。湄公河流域下游国家之间的协议包括设立最小流量的规定，以及维持柬埔寨洞里萨湖回流的相关条款。全球环境基金与世界银行共同协助湄公河委员会（Mekong River Commission）通过探讨三个阶段不同环境流量的影响来实施相关条款。然而，环境流量条款从法规降级为指导意见。这是因为有观点认为这一条款的生效会阻碍经济发展，甚至影响湄公河下游国家。

坦桑尼亚潘加尼流域。潘加尼流域水力及灌溉两大部门曾经对水资源

进行过激烈争夺。坦桑尼亚国家水政策规定，每个流域水务办公室都要制定水资源管理规划，其中还需包括环境流量分配的相关条款。潘加尼流域水务办公室和世界自然保护联盟曾在流域内进行过环境流量试验，以探讨不同流量带来的生态效应。这也为培训其他流域水务办公室工作人员以及环境流量评估相关的学术人员、行政人员提供了机会。

澳大利亚先锋集水区。根据 1994 年澳大利亚政府委员会水资源协议和随后的《国家水计划》的规定，澳大利亚各州都要针对所有重要地表及地下水系统制定水资源配置计划，其中要包含环境流量条款。作为条约的一部分，先锋集水区水资源配置规划已经于 2002 年完成。规划中环境流量评估基于整体评估技术，发展出一种技术方案，最终环境用水需求被纳入到集水区规划中。该计划中包含监测方案，所设定的环境目标也逐步实现。

6.1 有效性评估

如第 4 章所述，在流域规划中环境流量的有效性是通过认可度、全面性、参与度、评估方法及数据、整合度、性价比与影响力等进行评价的。

6.1.1 认可度

法律和政策对环境流量有较高的认可度，可以简化其被纳入水资源配置的程序。政策及法律为接受和实施环境流量决策提供了法律依据。在南非克鲁格国家公园（Kruger National Park），于 20 世纪 90 年代确定的河流流量要求，因为没有法律和政策的支持导致难以施行。然而，一旦通过《国家水法》，这些河流环境流量需求通常赋予较高的保障率，并纳入流域管理当局制定的流域战略中，即便如此，上游用水户仍无法接受取水约束。同样，在坦桑尼亚境的潘加尼流域环境流量评估、马拉（Mara）集水区环境流量评估、瓦米（Wami）流域环境流量评估等试点工作正在进行的时候，坦桑尼亚通过了新水资源法。与此同时，这些环境流量评估和基汉西下游环境管理项目（LKEMP）（案例 15）都是通过国家水政策取得了合法地位，国家水政策要求环境水配置纳入流域规划。然而，在立法之前制定的环境流量评估可能不符合纳入流域规划的法律要求。

在环境流量实施之后，也有必要证明环境流量的益处。先锋集水区是一个典型例子，环境流量被纳入 2000 年昆士兰水法承认的一项水资源配置计划中（《昆士兰水法 2000》），各方均接受其为合法用水。即便如此，也要让集水区内的农业用水户明白环境流量会带来明显的环境效益，如本土鱼类的增加、健康的湿地、河口红树林的保护（这说明了环境监测计划、公共报告及适应性管理的重要性）。

跨界环境水资源规划要达成一致意见是非常困难的。湄公河是现在唯一成功制定了跨界环境流量流域规划的地区。如果每个国家都只关注水资源分配，而不关心生态系统带来的利益，发展意愿与提供生态系统服务之间的关系将会更为紧张。虽然"湄公河协定"包含了最小生态流量和维持洞里萨湖回流的相关要求，但由于环境流量有碍于发展，因此流域内的所有国家并未完全接受环境流量的理念。虽然如此，采用合理的环境流量评估方法解决跨界环境流量问题，有助于解决更多的跨界问题。

6.1.2 全面性

水循环中的所有部分都应在环境流量评估中得到体现。潘加尼流域和先锋集水区环境流量评估均体现了河口与淡水系统在环境流量的淡水需求方面具有水文统一性。这两个案例都说明要从地表水和地下水全面考虑生态系统服务功能。潘加尼流域环境流量评估是这 4 个流域案例中唯一一个考虑气候变化影响的案例。所有的情景中，只有一种情景较好地评估了气候变化对流域水资源的影响。

6.1.3 参与度

参与度是非常重要的因素，需要得到切实的贯彻；参与度应根据利益相关方的能力、各国的政策、水资源管理能力建设水平来进行调整。克鲁格国家公园集水区的当地社团以往未参与过与资源利用相关的决策，虽然他们热切希望提高水资源利用机会，但却缺乏公共论坛，或许还缺乏与白人群体共事的信心，缺乏充分参与讨论的能力。在湄公河流域，当政府态度、利益相关者能力和语言方面都存在着巨大差异时，很难制定一个利益相关者的参与计划。最初的环境流量评估过程中只有少数利益相关方参与，由于资金不足和缺乏来自流域国家的支持，没有一项深入研究得到充分实施。在克鲁格国家公园开展的首次河流流量需求研究及最近的保护决定中，虽然规划者考虑到了决策对当地的影响，但当地居民直接参与决策的力度非常有限。经验表明，需要时间来培养利益相关者的能力，以便有效地参与环境流量的评估等活动。当然，具体的能力建设活动正在推进中，包括构建一个共同发展设想、建立一个当地目标及利益相关者参与的监测活动。

公布提案及政府反馈能够提升决策制定的透明度。先锋集水区（案例9）阐明了促进透明度的有效机制。根据 2000 年的《昆士兰水法》，所有关于水资源规划过程的提案以及政府的反馈都应在计划得到批准后 30 日内进行公布。

在跨境背景下，利益相关者要参与决策是非常困难的。湄公河流域（案例 7）便是一个例子。不仅流域内不同利益相关者有不同的语言、能力及目标，不同政府对当地社团参与国家发展决策的态度也不尽相同。

6.1.4 评估方法及数据

对规划与项目的环境流量评估，一个国家需要一系列的技术来满足不同程度的环境风险，适应不同的预算和时间要求。所有 4 个流域/集水区均采用了基于"水文-生态关系"和专业领域研究的整体法。克鲁格国家公园的最小流量最初采用堆块法计算，随后公园开始使用流量压力层次法。先锋集水区采用的是基准方法，潘加尼流域和湄公河流域第三阶段则采用的是改进的 DRIFT 法（河流下游对流量的响应）。在潘加尼流域，具有丰富经验的国际顾问制定了一个用于评估主要生态系统组成部分的流量需求的程序。

澳大利亚和南非的经验告诉我们，一个国家需要采纳一系列的环境流量评估技术，才可将环境流量评估引入到流域层面的规划中，以适应不同的预算、技术、信息需求以及环境。因此，南非已经采用了四个级别的环境流量评估程序（方框 6.2）。在澳大利亚，如新南威尔士州则采用了两种主要的环境流量评估方法，每种方法几乎都可以应对不同的情况。

方框 6.2

南非采用的环境流量级别分析

南非水务及林业部门制定了 4 个级别来确定环境用水需求：桌面法、快速法、中级法或整体法。所使用的方法取决于水体所面临的环境压力以及可用的资金和时间。桌面法及快速法主要以堆块法为基础来确定河川流量要求（King and Tharme，1994；King et al.，2000；Tharme and King，1998）。中级法及整体法可能采用堆块法、DRIFT 法或流量压力层次方法，并且还会涉及当地数据的收集及水力学建模。

来源：Louw D.，2008 年 3 月。

类似的，在项目案例研究中，使用的评估方法包含：在咸海案例中进行湖泊水位恢复所采用的简单的估值法，奇利卡潟湖研究中采用了水文及水力模型，莱索托高地调水项目（LHWP）中使用了详细且成本昂贵的流量评估方法（DRIFT）。尽管 DRIFT 方法的成本（接近 200 万美元）非常高，时间也很长（超过 2 年），但事实证明这种现象是合理的，因为它为一个投资 29 亿美元的项目提供了可靠而全面的成果，解答了莱索托高地发展局（LHDA）的疑惑。

在条件允许时，应使用现场数据来补充桌面评估。现场数据的收集是所有规划工作的重要组成部分，也可以建立一个经得起考验的水文——生态响应关系。尽管克鲁格国家公园项目收集的大量数据都无法直接用于环境流量评估，但参与项目的科学家的经验和知识是制定环境流量评估的宝贵资源。先锋集水区环境流量评估使用了两年的现场数据对两种流量进行检验，阐释不同生物物种面临的风险，潘加尼流域的研究则采用了流域河流及河口地区所收集的数据。湄公河流域研究的第二、第三阶段也使用了现场数据。

生态监测计划是流域规划的重要组成部分之一。建立环境监控计划对环境流量的实施非常重要，但是常常被忽视。目前克鲁格国家公园正在某些集水区内发展生态需水监测项目，但只有先锋集水区（案例 9）的项目推进到了监测及报告可实施阶段。该计划确定了 5 种环境账户，并正在编制环境流量以及这些账户年度报告。2000 年《昆士兰水法》规定，水务部长需要定期撰写一份报告，概述水资源规划实施情况及规划目标的完成情况。监测和报告的要求，不仅能反馈计划中采用措施的成功之处，还能增加公众驱动力，促使政府持续关注环境流量。

6.1.5 整合度

对流域规划和项目而言，环境成果与社会和经济成果是一个有机整体，是环境流量评估或决策过程的一部分。案例中列举了两种将环境评估和社会经济问题进行整合的方法。先锋集水区环境流量评估只考虑了环境需水问题，未明确将该类需求与社会环境用水相结合。在水资源配置过程中，环境需水与其他水资源需求进行博弈。与此类似，布里奇河顾问委员会（案例 12）在布里奇河的评估中使用了直观方法和常规方法，将不同流量情景下的环境、社会及经济成果结合起来。由于缺乏透明的决策过程，导致该方法很难评估环境流量对环境和生态系统功能的保护作用。

潘加尼流域环境流量评估及莱索托高地调水工程对另一种方法进行了阐释。不同环境流量情景下的评估包括了伴河而居的民众所获得的社会经济利益。与此类似，湄公河流域研究的第二、第三阶段逐渐开始考虑不同环境流量情景下的社会、经济及环境效益。由此可见，仅仅关注环境成果的分析是不可行的。

6.1.6 性价比

目前，关于流域和集水区环境流量评估费用的信息较少。潘加尼流域环境流量评估试点工程的费用为 50 万美元，该费用包含的培训费用和编制费用不会出现在坦桑尼亚后续示范应用中。然而，一项有野外调查的环境流量评估工作的费用相对较高，尽管这些成本仅仅只占整个项目效益的很小一部分。对于一些开发需求不是很迫切的发展中国家，低成本的评估方法更为适宜。

先锋集水区环境流量评估是第一批在昆士兰开展的环境流量评估工作，是澳大利亚水资源配置计划的一部分。如果采用该集水区所使用的科学调查密度，那么环境流量评估将会由于成本过高而无法大范围推广应用。因此，在生态风险并不高的昆士兰集水区，采用低密度法进行环境流量评估比较合理。

6.1.7 影响力

先锋集水区、克鲁格国家公园及潘加尼环境流量评估均产生了不同形式的影响。先锋集水区环境流量评估的结果直接关系到该集水区的水资源配置，并且环境资产得到了环境流量的分配，尽管难以估算具体被分配的环境流量。这项工作对集水区以外的区域没有影响，因为国家层面的水资源分配计划已全面铺开。

在克鲁格国家公园所做的大量环境流量调查工作影响力显著，影响范围不仅限于公园周边。虽然早期得出的河流流量要求尚未在公园集水区的水资源配置中得到应用，但却为之后的生态补偿奠定了基础。环境流量评估增加了南非水资源政策及法律制定者的信心，因为可以估算维持水生环境所需要的流量。

虽然潘加尼的环境流量试点评估工作还没有完成、流域水资源管理计划也尚未启动，但这项研究对学者和参与环境流量评估实践的政府人员产生了影响（一部分经培训的人员已经开始参与到其他流域的环境流量评估工作中），并且也提升了该流域环境流量意识。

要在跨界水资源管理中进行有影响力的环境流量评估是困难的。湄公河流域的环境流量评估是规划案例唯一一项全程跨国的环境流量评估，它已经在流域水文方面提出了一些有价值的文件，并且改变了外界对环境流量的看法。但是，湄公河流域各国尚未完全接受环境流量这一概念。最初的环境流量评估所建议的最小流量条款也被降级为指导意见，而环境流量评估的第三阶段因为缺乏政府高层的支持而停滞不前。

6.2 制度驱动力

表6.1显示了在4个流域/集水区案例中制度驱动力的应用情况。

表6.1 在流域/集水区规模上进行环境流量评估所需制度驱动力

地 点	程序性	评估性	工具性	专业性	公众性
克鲁格国家公园	1998年国家水法案为公园内河流生态补水的建设提供了合法依据			公园管理者和科学家关注取水及拟建大坝对公园生物多样性的影响	非政府组织关注大坝提案对公园多样性的影响
湄公河流域	湄公河协议要求对下游进行保护，并向洞里萨湖补充流量		世界银行及全球环境基金将环境流量评估作为发展援助的一部分		国际、地区及国家非政府组织对湄公河流域的关注
潘加尼流域	坦桑尼亚国家水政策及《水资源法案》草案要求开展环境流量评估		世界自然保护联盟支持将环境流量评估视作《水及自然倡议》的一部分		
先锋集水区	1994年澳大利亚政务院协议及2000年《昆士兰水法》要求开展环境流量评估，并将其作为集水区层面的水资源配置的部分内容	国家竞争委员会及国家水委员会审查了《国家水倡议》实施的情况，为环境流量提供了评估性驱动力		政府水管理者支持对环境用水进行正式分配，缓解了集水区压力	无论是先锋集水区还是其他地区，公众意见都非常倾向于环境的可持续性

来源：作者。

制度驱动力是 4 个规划案例研究中重要的驱动力。但是，这些驱动力所扮演的角色在细节上有所不同。先锋集水区环境流量评估是对澳大利亚所有主要地表水和地下水集水区水资源配置计划的体现，所有部门均已接受。湄公河的环境流量评估是对湄公河协议的回应。在坦桑尼亚水法案顺利通过后，潘加尼流域环境流量评估才可能顺利执行。如果世界自然保护联盟没有起到额外的推动作用，那么在该流域的环境流量评估试点工作将无法进行。在 1998 年《南非国家水法》通过之前，行政驱动力是克鲁格国家公园环境流量评估的唯一驱动力。专业驱动力和公众驱动力都不足以推动南非水务及林业部门分配环境用水以维持公园生态系统。

除了一些制度驱动力外，其他因素对环境流量实施也起到了非常重要的作用。湄公河流域的一些国家对中国在湄公河上游支流的开发行为的担忧是寻求分享流域水资源提供了强大的动力。全球环境基金和世界银行为实施湄公河协议中环境流量评估条款提供了援助。

6.3　规划经验小结

以下是通过 4 个集水区/流域规划分析中得出的一些关键经验教训：

（1）在政策和法律认同环境用水概念后，在流域和集水区规划中实施环境用水要相对容易。

（2）仅仅在流域计划中对环境用水进行分配是远远不够的；管理者需要通过监测和贯彻环境用水给人类及生态系统带来的益处。

（3）在分配水权时需要格外慎重；一旦分配，就很难将水权返还给环境。

（4）需要对公众参与进行调整，以满足利益相关方参与决策的能力，包括帮助他们理解决策内容和决策结果。

（5）没有哪种环境流量评估技术适合所有流域规划，需要一系列从简单到复杂的技术来应对不同层次的风险和用水强度。

（6）规划效果的生态监测非常关键，让利益相关者确信生态流量的环境效益，为调整计划提供依据。

另外，本书中的案例分析非常重视在实施过程中面临的挑战：

（1）把水土利用活动纳入流域水资源配置（如植树造林）依然非常困难。

（2）要编制将所有下游需水考虑在内的水资源分配计划，包括河口地区、近岸海域及地下水需求是非常困难的。其中一个原因是缺乏环境流量对于这些系统重要性的认知，另一个原因是系统管理水资源的机构与地表水资源管理机构互相独立。

（3）开展流域环境流量规划，专业知识的积累和基础数据的收集仍是发展中国家一大挑战。

（4）有观点认为实施环境流量评估的费用昂贵，用于环境流量的水资源不如用于生产活动。

第 7 章

工程案例研究：经验教训

工程案例研究主要基于部分工程项目中所实施的环境流量评估内容，如：新建大坝工程（南非伯格河大坝和莱索托莫哈莱大坝）、基础设施提升工程（印度默哈讷迪河上的纳拉吉拦河坝和中国塔里木盆地的灌溉渠）、基础设施的重建和改造工程（咸海伯格海峡堤、坦桑尼亚基汉西下游和莱索托卡齐坝）及基础设施的重启工程（加拿大布里奇河、塞内加尔流域马南塔利大坝、咸海锡尔河大坝和中国塔里木河流域）。表 7.1 总结了案例中的一些规律，表 7.2 归纳了重要的评估结果。Hirji 和 Davis（2009a）对 8 个工程案例分别进行了描述。

在经验获取方面，修复改造项目与新建基础设施项目有所不同。中国的塔里木盆地和中亚的咸海是两个主要的基础设施改造和生态系统修复案例，这两个案例均存在基础设施运行效率低下的情况。因此，通过改进提升基础设施的运行效率，有可能将"节省"下来的水重新分配给环境，也可用于生产活动。位于塞内加尔河流域的马南塔利大坝在建成 10 年后都未安装发电机组，主要为了通过泄洪试验来论证环境流量对流域下游地区的作用，以便使下游地区居民的用水写入最终的水资源共享协议中。

一旦给基础设施建设赋予了用水的权利，就很难对水资源再重新分配。要将过度分配的水返还给环境，将会花费巨大的资金●，而且还存在一些其他的成本。这在澳大利亚和南非等国家表现最为突出。在澳大利亚，从农户手中回购用水许可证所付出的政治代价远远超过了金钱成本。在坦桑尼亚，政府也面临着巨大的压力。由于电力极度短缺、电力需求巨大等原因，要想为基汉西下游峡谷中独特的生态系统增加水量，是一件非常困难的事情。

为恢复下游退化的生态系统，常常需要通过提升工程项目来提供所需的流量。为恢复咸海北部生态环境，必须对上游大坝进行改造，从而更合理地控制下泄流量，并且在伯格海峡建造了一段堤坝来防止海水入侵。同样，为修复下游生态系统，印度的奇利卡潟湖、坦桑尼亚的基汉西大坝、中国的塔

表 7.1

工 程 项 目 的 特 点

项 目	国家或地区	人均 GDP[a]/美元	区位	领域	目 的	完成日期
咸海	中亚	260~43000	跨界	环境修复	重启和修复大坝；堤防改造	全球环境基金项目于 2003 年完成，世界银行项目仍在进行
伯格河	南非	5390	流域	供水	新建大坝；运行规则	在建
布里奇河	加拿大	36170	子流域	水电	重启工程	2001 年
奇利卡潟湖	印度	820	子流域	灌溉防洪	重建及重启大坝	2004 年
莱索托高地调水项目	莱索托	1030	跨界	跨流域调水（供水）	新旧大坝泄水结构改造；新泄流政策	2006 年
基汉斯下游发电项目	坦桑尼亚	350	子流域	水电	新大坝泄水结构改造；采用人工喷雾器扩大喷水范围	在建
塞内加尔河流域	西非	750	跨界	多目标	重启及修复	2005 年完成了区域水电开发项目
塔里木河流域	中国	2010	子流域	灌溉	灌溉水渠改造及重启	

来源：作者。

a 摘自《2008 年全球营商环境报告》网站：http://www.doingbusiness.org/exploreEconomies/EconomyCharacteristics.aspx。

表 7.2　工程项目的主要发现

项目	认可度	全面性	参与度	评估方法	集成性	性价比	影响力
咸海	虽然未被称作"环境流量",但对当地和政府而言,恢复咸海北部的需水量是毋庸置疑的	补充咸海北部的水量和减少上游地区洪水对流量的需求;但是,水文曲线并未被分解为这几个因素	咸海北部水量的成功恢复在一定程度上归功于当地海区和政府的积极参与	除了对咸海北部的水量平衡估算外,未进行任何环境流量评估或量化建模	社会经济利益是项目不可分割的一部分,但未提前进行量化		对北部咸海的重新补水推动了当地渔业的发展
伯格河	《国家水法》通过环境流量后,政府由最初大力的不情愿转为大力支持;当地社区对环境流量强烈支持	研究考虑了广义的环境流量,包括河口(虽然研究并未继续深入)		初始环境流量评估基于干建块法,继而通过对实地研究进行再扩大评估,将范围广泛的监管项目与适应性管理进行集成	在项目筹备期间,将环境评估与环境影响评估进行全方位集成	资本支出:660万~1490万美元	在初始运营案款确定时环境流量评估起了很大的影响作用,随后当监控项目的数据返回后,又提出了进一步的调整方案;但在伯格河地区之外尚未产生影响

续表

项目	认可度	全面性	参与度	评估方法	集成性	性价比	影响力
布里奇河	大坝运营管理局倾向于维持大坝下泄的下泄定量，直到立法后大坝运行管理局才对下游生态系统进行调查；人们对特定物种保护所需的环境流量的概念有强烈的社会认同	最初项目仅考虑了最小流量；后续研究对一系列的流量所需的环境进行了调查	一个顾问委员会推动了进程，除原住居民外的其他部门都有较高的参与度和所有权	采用了一个基于决策制定方法：多重标准的系统性建模是根据所有决策制定者都理解的一致指标来计算的；将环境监控项目和适应性管理进行集成	不同的技术研究在决策制定间被直观、正式地进行整合；将流量与水质建模相结合	环境流量评估成本：60万美元；监测和实施成本：每年52万美元	发电量更多，达到更好的环境效益；项目对其他用水计划产生了影响
奇利卡潟湖	潟湖通过工程建设成功恢复了生态，减轻了大家对建立纳加吉拉河坝下泄环境流量的担忧	评估只关注潟湖的环境流量，但也包含了一些水质方面的内容	虽然工程建设工作出现过短期的成功，但整体利益相关者很少参与环境流量确定过程；地区利益相关者应在其能力范围内提供咨询	水力及水文建模与生态成果相结合，虽然正式评估方法并未跟进；潟湖生态恢复受到监控，但并未与纳加吉拉河坝下泄流量建立联系	流量建模与水质建模相结合		为纳加吉拉河坝制定的环境流量款条草案虽然未实施，但已将环境流量纳入国家水资源政策中，并作为优先用水方案

续表

项目	认可度	全面性	参与度	评估方法	集成性	性价比	影响力
基汉西下游峡谷	水资源机构而非环境流量机构在指导环境流量工作。大坝运营管理局不愿为下游生态系统提供流量。旦桑尼亚政府机构了解了生态流量的重要性并坚持提供流量	流量需求限制了峡谷生态系统，但更侧重于独特的喷雾机制	无下游居民；国际环保组织关注的问题通过桑尼亚环境机构提出	在没有合适的环境流量评估方法时，大量野外工作和实验将峡谷的流量与喷雾范围及生态响应联系在一起；监控对于严格执行环境流量至关重要	无经济效益。社会效益是其中一项生态成果，但并未进行量化		项目稳定了下游峡谷，提升了政府内部对环境流量的认识，提高了公众对流域层面环境用水计划的兴趣
莱索托高地	管理者一开始坚持已达成一致的最小流量	最初的概念是最小流量；后续研究采用了DRIFT方法，综合考虑了河道内和洪泛平原的流量	在运用DRIFT的过程中会咨询下游居民的意见，但是下游居民对决策过程的影响力还非常有限	DRIFT方法是本项目开发的，用来呈现一种复杂结果的方法	DRIFT技术整合了环境、社会及经济影响因素；环境流量被整合到环境影响评价中，但是该推迟进行；该技术已经将水质和水量建模结合在一起	环境流量评估：200万美元；赔偿：1400万美元	达到或超出了下游环境健康目标；DRIFT技术得到了广泛应用

续表

项目	认可度	全面性	参与度	评估方法	集成性	性价比	影响力
塞内加尔河流域	管理者最初拒绝接受该概念，但是水宪章签署后，他们的态度发生了改变	项目包含河口三角洲需水，洪泛平原和河道内需水	下游居民参与了一家非政府组织的援助工作	采用水文模型预估洪泛平原淹没范围；未进行生态监控	决策制定期间将经济和社会研究与地下水、地表水研究中的环境及水文建模集成在一起		
塔里木河流域	恢复绿色长廊的需水得到了政府的首肯，因为生态修复是政府的第一大要事	流量被限制在重建绿色长廊所必需的流量范围内；项目包含灌区的地下水及地表水建模	成立了用水户协会及灌区委员会，并提供咨询服务，但这不是环境流量驱动力	没有使用特定的环境流量评估技术，但是使用了水文及水利模型来预测节水量；对用水及下游生态响应的监控是项目不可分割的一部分	生态社会效益是项目不可分割的一部分，但并未计算生态环境流量；对地下水及地表水都进行了建模，但并未进行整合	农业产量的增加大于用水的成本	项目提高了作物产量，改善了环境

里木河流域采用了工程与环境流量相结合的手段。例如，新建一个奇利卡潟湖入海通道以及一个跨奇利卡潟湖的渠道，对基汉西大坝泄水系统进行改造和修建灌溉系统，以及对灌溉渠道进行衬砌以节约水资源。

7.1 有效性评估

如第 4 章所述，水资源项目中环境流量的有效性一般会根据认可度、全面性、参与度、评价方法和数据、集成性、性价比和影响度等几方面进行评价。

7.1.1 认可度

程序驱动有助于水资源管理者接受环境流量这一理念。咸海和塔里木河是这些案例中生态系统退化最为严重的两个案例，其环境流量的认可度也较高（方框 7.1）；相反，莱索托高地、奇利卡潟湖、基汉西下游、布里奇河和塞内加尔河流域从一开始就不接受环境流量这一理念。在前述案例中，管理部门有义务推进基础设施的开发和运营。然而，在所有案例中，除奇利卡潟湖外，管理部门最终还是明白并认可了环境流量的相关性和合法性。基汉西下游和塞内加尔河流域得到环境流量的认可分别得益于体制和一份新的跨界协议，对于布里奇河和伯格河而言，环境流量得到认可主要得益于实施下泄流量，因为随着环境流量评估研究的深入，提供了越来越多的证据，实际上在布里奇河案例中，调度方案不仅增加了发电量，下游河道也从中受益。

方框 7.1

塔里木河流域的生态恢复

在过去的 50 年中，位于中国西部的塔里木河中越来越多的水量用于农业灌溉。20 世纪 70 年代，塔里木河流域下游河段出现断流。台特玛湖位于塔里木河的尾闾，因多年未得到塔里木河的补给，其上游两岸蜿蜒长达 300km 的"绿色走廊"也开始出现生态胁迫的态势，塔克拉玛干和库木库里沙漠防护林也面临着面积萎缩，侵占河道现象日益明显。沙漠化加剧和沙漠为交通枢纽带来的潜在的影响已成为中国政府重点关注的问题。

世界银行给塔里木二期项目提供了贷款，使其采用土工膜对渗水河道进行衬砌，极大地减少了水资源损耗，改善了排水效果。节约下来的水

用于灌区的农业生产以及返还给塔里木河的下游河段。通过组建塔里木河流域水资源管理委员会，该项目还优化了塔里木河流域的水资源管理工作。塔里木河流域水资源管理委员会明确声明将在以后的工作中贯彻执行灌溉取水定额制度。自此以后，由河道渗流造成的水资源损失每年减少6亿～8亿 t；新增灌溉用地41000hm²；农民收入大幅提高；台特玛湖面积扩大到200km²；沿河两岸植被大大改善。

来源：Hou，2006；World Bank，1998。

在印度，环境流量这一概念从未得到水资源部门及奥利萨邦其他政府部门的充分认可，一方面是因为环境流量给奇利卡潟湖带来的好处不及新建一个入海通道那样立竿见影；另一方面，人员频繁流动也阻碍了协同合作的达成。世界银行虽然支持环境流量评估工作，但是环境流量评估一般都是在世界银行项目竣工后才完成的。因此，世界银行无法进一步左右州政府，以确保世界银行的建议纳入到纳拉古拦河坝的运营条例中。

流域层面的水资源分配规划为项目层面的水资源分配决策提供了基准。如果水资源政策和法律规定了环境用水的合法地位或已制订水资源分配方案，那么关于基础设施开发的水资源共享难题能迎刃而解。建立水资源分配及流量收益等方面的共识，为基础设施效益的分配奠定了基准。如果大坝建成前确立水资源分配方案，那么莱索托高地调水工程的建设将会简单得多。

环境流量的实施需要开展监测工作，并且需要强化。强化环境流量实施，正如其他分配方案一样，需要管理人员保持警惕性。虽然莱索托高地开发管理局已正式同意实施环境流量，但由于一线管理者和工作人员缺乏对环境流量的理解和认同，已经达成一致的环境流量通常没有及时实施或实施不充分，例如，关键的人造洪峰工作也未实施。同样，鲁菲吉盆地水务局的详细监测结果显示，在运营的前两年，基汉西大坝的环境流量不到电力公司报告流量的30%，这一点在监测系统运行后得到了佐证。

7.1.2 全面性

在大多数案例中，环境流量就是维持河流及河口的最小流量。例如1968年莱索托高地水利计划条约中规定的最小流量；湄公河协议中包含的最小流量条款；1998年卑诗水电公司提案要求渔业及海洋部门保障最小流量；在塞内加尔流域水宪章中，明确规定"最小流量和其他生态系统服务"。

　　然而，上述案例或其他案例中开展的环境流量评估均考虑了水文情势的所有组分，并且通常建议保持一定的流量组分（如汛期和非汛期流量、春汛或大洪水）来维持下游生态服务功能。

　　环境流量研究应考虑所有依赖于下游的生态系统。在一些案例分析中考虑了用于维持河口地区、地下水系统及地表水生态系统服务功能的流量。奇利卡环境流量评估主要关注的是奇利卡潟湖的入湖流量。塞内加尔流域的塞内加尔河开发组织（OMVS）最初的环境流量方案中并未包含流入塞内加尔河三角洲和河口地区的流量，这是因为当时该组织没有认识到这块洪泛平原上的农民对该国国民经济做出的贡献。当认识到环境流量的重要性后，塞内加尔开发组织批准了一项水事宪章（方框 7.2），规定要向下游环境敏感区输水，同时实施人造洪水，为河流中游的洪泛平原补水，并对洪泛平原的地下水进行回补。

方框7.2

塞内加尔河流域水事宪章

　　2002 年 5 月，马里、毛里求斯及塞内加尔政府签署了一份水事宪章。2004 年，圭亚那也加入了签署行列。该宪章的目标为"保证塞内加尔各部门水资源的有效分配，这里的部门包括生活用水、城市用水、农业灌溉、水力发电、通航、渔业，同时关注河道最小流量和其他生态环境服务功能"。该宪章还规定除特殊情况外，每年保证人造洪水（第 14 条）及最小环境流量（第 6 条）。

　　宪章包含了水资源分配的原则及程序，并设立了永久水利委员会，作为塞内加尔河开发组织的顾问单位。

　　水事宪章强化了公众参与，也增加了农民和非政府组织等利益相关者于塞内加尔流域管理方面的参与度。全球环境基金项目推动了项目在设计和实施中考虑参与度因素，因此，它进一步推动了利益相关者的参与。目前，流域内的所有国家都设立了当地的协调委员会。

　　来源：World Bank，2006a。

　　伯格河环境流量评估考虑了维持河流河口流量的需求，但在当时这个问题却被认为并不重要。该次环境评估之后，当地针对河口蓄水这一问题展开

了细致的调研，发现在所有案例中只有塔里木河流域明确考虑了将水返还给环境，这一举措对地下水也有所补充。在塞内加尔案例中，地下水补给是项目带来的次要益处。这些项目均没有考虑气候变化对维持下游生态系统服务所需流量的影响。

7.1.3 参与度

虽然利益相关者的参与对环境流量成果的认可与否非常重要，但采用的方法及赋予职责还需要根据当地的具体情况进行具体分析。布里奇河环境流量评估是一个极端案例。在该评估中，顾问委员会主导了环境流量评估的整个过程，而卑诗水电公司只提供了秘书处。另一个极端的案例是塔里木河流域，虽然这里的农灌用户可通过用水协会和灌溉区委员会参与各项事务，但真正的决策权在管理部门和政府手中。可喜的是，这两个项目最终在环境和生产方面取得了成功。咸海北部的恢复工程则是一个更有意义的案例。虽然世界银行在项目中要求设立锡尔河监管和咸海北部项目顾问团，但该顾问团从未真正形成，因为要在流域范围内的五大国家建立跨国顾问团是相当困难的，但是，受咸海北部水面萎缩的影响，社区积极参与该项目，并提供援助。

利益相关者的参与机制需要根据社区参与决策的能力来设计。在环境流量研究还不具备影响力的项目中（如奇利卡潟湖恢复项目），利益相关者参与度明显不足。利益相关者的执行委员会直到项目后期才成立，尽管该机构从未参与环境流量评估过程。项目调研了奇利卡潟湖附近社区的意见，尽管当地社区在技术方面提供的意见较少，但确实也为环境流量评估团队反馈了有价值的信息。类似的情况还发生在莱索托高地和塞内加尔河谷受影响的区域，因为他们对环境流量评估技术方面的理解有限。在之前的案例中，因为莱索托地区缺乏政策支持，例如，缺乏对居民所应扮演的角色和咨询的内容的指导，导致利益相关者的参与过程遇阻。莱索托高地开发管理局是将各项事务直接通知社区，而非倾听他们的需求。

最后，基汉西下游环境流量评估为我们提供了一个特例，在这个案例中，下游居民直接受到了河流流量变化的影响。受影响的利益相关者是一个国际组织，通过《生物多样性公约》，这个组织声明要保护濒危物种和生态系统多样性这一目标，这些利益相关者通过合适的流域、环境组织和非政府组织代表来参与决策的制定，并在立项之初就针对下游生态系统的退化提出过相关警告。

7.1.4 评价方法和数据

如果信息不是用阅读者能够理解的语言来表述的，这样的信息就没有价值。我们从莱索托高地项目学到的经验是：管理者要对不同用途的水资源进行分配，必须要理解环境流量的科学研究成果的实质和意义。在这个例子中，负责环境流量评估的科学家们采用了一个简单易懂的方法来描述不同流量情景下下游地区所面临的后果。类似地，向利益相关者提供的信息也应该以一种可以理解的形式出现。在伯格河环境流量评估案例中，生态学家和其他科学家最初使用的语言阻碍了利益相关者对方案的理解。正是因为这个教训，布里奇河的科学研究结果则采用咨询委员会一致通过的 7 大绩效指标进行表述（方框 7.3）。

方框 7.3

加拿大布里奇河重启项目结构性评估

负责编制布里奇河大坝重启计划的顾问委员会成员背景差异较大。为提高工作效率，成员们同意遵循一种由六大关键步骤组成的系统研究方法，该方法主要基于多指标技术和以价值为主导的思维方式（Keeney，1992）。

这个系统研究方法的第一步给出了明确的目标，并且制定了绩效评估方式，界定了推进或者阻碍各个目标的替代性运营方案的范围。

测量方法一般采用定量法，而对绩效的定量评估迫使编制者对目标进行明确界定，让参与者知道他人的需求，并由此建立一个基础平台开展决策相关信息的收集。

布里奇河用水计划达成了以下目标：

（1）渔业：鱼类数量和种类的最大化。

（2）野生动植物：湿地及河滨栖息地的面积和生产力的最大化。

（3）娱乐及旅游业：最大幅度地提升娱乐及旅游体验的质量。

（4）发电：最大化提高发电效益。

（5）洪水管理：尽量减少洪水对个人安全或个人财产的负面影响。

（6）大坝安全：确保设施运行满足阜诗水电站大坝安全设计的要求。

（7）供水和水质：设立保护区和维持水质。

　　总之，卑诗水电站运营模型共计提出了超过 20 项备选方案。顾问委员会根据绩效评估方法分别对各个目标的影响进行了讨论，记录了参数和价值，并且就协议范围进行了商榷，顾问委员会成员最终一致确定了一项运行备选方案。

　　来源：布里奇河用水计划（案例 12）。

　　环境流量监测方案需要评估生态效应，并非仅仅是流量本身。然而，当前只有一部分环境流量评估案例包含了监测部分。无论是重建、修复或新建基础设施，监测方案应重点关注项目的生态效应和社会效应。布里奇河监测方案评估了下游生态效应（如鱼类恢复）的可达性；塔里木河流域的监测方案不仅对是否遵守取水配额进行了评估，还对下游河滨区域的可恢复性进行了评估；基汉西下游监测方案不仅评估了下泄流量的落实情况，还评估了峡谷生态系统恢复的程度；2002 年在伯格河制订的监测方案为判断新建大坝的影响提供了基准（方框 7.4）。但是，塞内加尔河流域没有相应的生态监测方案；奇利卡潟湖的监测方案中也未区分环境流量与其他因素的影响；作为锡尔湖防控及锡尔湖北部工程的一部分，咸海监测方案要求在新成立的哈萨克斯坦自然资源与环境保护部正式生效前招募训练有素的工作人员。

方框 7.4

南非伯格河大坝的监测方案

　　南非伯格河大坝在决策中需要建立一个详细的监测方案，以便为实施生态保护区的适应性管理框架提供基础。因此，决策文件要求在大坝竣工前充分收集基础信息，从而评估环境流量的效果。如果监测结果显示大坝对河流或河口产生不可接受的生态影响，则应对环境流量方案进行修订。

　　2002 年开始的本底监测方案包括 8 个河流环境的专题研究、9 个河口的专题研究以及一系列包含地下水方面的流域报告。其目的是为了监测大坝对下游的影响。项目数据收集工作于 2005 年结束，之后还开发了一个概念性模型，用于确定和管理大坝带来的影响。这个项目重点关注的是水文情势以及环境流量所维持的物理、化学与生物等方面的变化。这项综合监测为评估环境配置提供了基准，并将用于为河流和河口建立全方位的保护体系。由于环境流量评估方法的成熟和 3 年本底监测所提供的信息以及水质（尤其是盐度）监测，关于适宜的人造洪峰问题已提上议程，围绕水质问题（特别是盐度问题）展开。

该案例是适应性管理中实施环境监测的最佳案例。

来源：伯格河水项目（案例 11）。

7.1.5　集成性

尽管关于环境流量的争论通常基于公平考虑，但保障环境流量也能带来有价值的经济效益。在塞内加尔河流域曾经开展过这项研究，分析结果表明了洪泛平原的高经济价值。塞内加尔盆地的最高决策者没有意识到这一点，但这种观点却在马南塔利大坝泄洪许可协议中发挥了积极作用。在莱索托高地调水项目中，对不同流量情景给下游地区带来的益处以及让水用于其他用途造成的收入损失都从经济学角度进行了定量研究。虽然给下游带来的利润远不及损失的价值，但这些经济论点显示保障环境流量确实带来了经济利益。伯格河案例也显示了对水资源价值及水资源带来的服务价值进行全方位经济分析的好处。

环境流量评估尚未成为基础设施环境影响评估程序的主流部分。拟建的伯格河大坝是唯一一个在可行性研究阶段就将环境流量评估和项目环境影响评价结合在一起的项目案例。这是环境流量评估在工程评估中逐渐主流化的一个信号，但是这一整合在大部分项目中仍然没有得到全面实施。莱索托高地调水工程环境流量评估是环境流量评估项目的一部分，但只在项目评估后完成，这是因为项目需要快速推进到 1B 阶段，以保持 1A 阶段的劳力，避免提高启动成本。事后看来，世界银行同意 1B 阶段提前启动的决策为后续决策的制定带来了好处。

7.1.6　性价比

有限的证据显示，环境流量评估常常只占到新基础设施建设成本的很少一部分。新基础设施建设项目中环境流量评估的成本可分为 4 部分：①环境流量评估成本；②对受影响的下游地区进行补偿的成本；③基础设施改造的成本；④继续监测和实施的成本。

现在关于成本组成部分的信息还较少。我们看到的信息量最高的是莱索托高地调水项目。该项目的综合环境流量评估成本约 200 万美元（占项目成本的 0.07%），补偿成本约 1400 万美元（占项目成本的 0.5%）。这里的成本组成包含了两年的野外工作、收集基础数据和信息、及估算的下游地区资源的损失成本。资源损失成本包括了项目 1 期（已完成）和 2 期（尚未开始）的潜在损失（方框 7.5）。

方框 7.5

莱索托高地调水工程对下游产生影响的经济评估

通过对环境流量进行严密经济分析，结果如下。

（1）下游社区预计会遭受巨大的经济损失（使用价值和必需的补偿费用），根据不同环境流量方案，每年约 290 万马洛蒂（45 万美元）到 800 万马洛蒂（123 万美元）不等。

（2）莱索托高地调水项目中大坝下泄流量的少许增加对经济损失的补偿有限，只有当下泄流量大幅增加才能快速削减下游地区的经济损失。

（3）这些损失对项目的总体经济评估不会产生较大影响，因为相对于项目产生的巨大利益而言，这些损失相对较小。

（4）从经济学角度来看，通过项目减产以提高环境流量所产生的损失远远超过环境流量对下游居民产生的利益。

（5）项目的回报率不易受环境流量变化的影响（表 7.3）。虽然在非约束条件下，项目的调水效益会减少，并且进一步降低水电机组本身就不高的发电效益，但是在单方面决定增加泄流量时，项目的整体回报率会适当减少，但对莱索托和南非的效益却很显著。因此，虽然因生态原因或社会原因增加环境流量仍无法使项目的经济利益最大化，并且利益双方都须意识到项目的利益降低，但是能从经济层面解释为生态和环境实施环境流量的必要性。

来源：Klasen，2002。

表 7.3 不同流量情景下莱索托高地调水工程的经济回报率

指 标	协定情景	第四种情景	设计制约情景	最小退化情景
年度损失经济价值/万美元	124	100	88	45
可变使用费损失额/万美元	0	636	3382	7185

续表

指 标	协定情景	第四种情景	设计制约情景	最小退化情景
总使用费占比/%	0	1.5	8.0	17.0
经济回报率/%	7.6	7.4	7.3	7.1

来源：Watson。

一份关于伯格河环境流量评估的经济研究报告显示，伯格河下泄环境流量的费用极可能非常巨大。如果没有环境流量，开普敦至少还要等 5.9 年才能落实其他水资源供应方案。如果下泄"抗旱"环境流量，则减少到 4.9 年，但每月需要花费 660 万美元的额外支出。如果制定《环境流量条约》，新水资源供应计划的时间可缩短至 3.6 年，而实施流量的费用为 1490 万美元。

新建大坝环境流量的研究中都没有评估环境流量给下游社区带来的经济价值评估。但是，一些研究，例如尼日利亚北部的哈德吉亚贾玛拉湿（Hadejia - Nguru wetlands）下泄洪水产生的生态系统服务价值评估表明，对于下游生产力较高的生态系统，环境流量产生的效益超过了蓄水产生的经济效益（Barbier et al.，1991）。

相对于修复基础设施的费用，重启现有基础设施的费用是较低的。如果没有大量的利益相关者参与且不需要对基础设施进行改造，仅对现有的基础设施重启的环境流量进行技术评估，其费用相对较低。如大自然保护协会为维护萨瓦纳流域的关键生态系统过程，建议美国陆军工程兵团（USACE）在制定位于佐治亚州和南卡罗来纳州的萨瓦纳流域的流域综合规划时，需要更详细地考虑环境流量。整个环境流量评估过程历时 9 个月，花费 75000 美元（大自然保护协会和自然遗产研究所）。

布里奇河环境流量评估是建立在大量的利益相关者参与的基础上，但没有进行任何基础设施改造，耗资约 65 万美元，而且正在开展的监测工作预计每年需要花费 55 万美元。虽然这些费用很高，但是相对卑诗水电公司面临的处罚来说要低很多，因为如果公司坚持自己的立场，不负责提供发电之外的用水，则无法在新运行规则制定后获得发电效益。

通过对现有基础设施进行改造来实施环境流量的成本可能非常昂贵。基汉西下游环境管理项目本质上是为了修复由于大坝建设之初未评估和实施环境流量而受损的生态系统。虽然项目的环境流量评估会产生一些成本，但因为环境流量不足而造成的修复重建的成本会更高，可能达到 1100 万美元。在另一个案例中，为了实施协议规定的环境流量，莱索托高地调水项目中的卡齐坝（在大坝建成后）和莫哈尔大坝（设计时）都需要耗费大量资金进行改造。

虽然塔里木河二期工程并没有具体的环境流量成本数据，但是对数百公里的河道进行防渗处理，并对水利控制设施进行更换，其成本非常昂贵。但是，据报道仅仅农业产生的财政收益一项就超过了项目的总费用（9000 万美元），这还不包括塔里木河下游生态恢复产生的经济效益。

7.1.7 影响度

环境流量能提升水资源利用效率，使环境和用水都能受益。这里有几个重建案例中双赢的例子。例如，加拿大布里奇河重启方案不但提高了发电量，同时也改善了下游环境用水。基础设施的重启，特别是水力发电基础设施的重启可以调控水流下泄时间而不是总量，从而实现双赢。塔里木河流域调度方案的调整升级，不仅提高了农作物的产量，也大幅度提升了下游区域的流量。而锡尔河大坝的修复重建和运行方案的调整，不但改善了咸海的环境和渔业生产，同时提高了发电量，并且降低了上游地区发生洪涝灾害的频率。

环境流量监测对基准建立、任务实施和适应性管理都至关重要。2002年，伯格河开展了一项监测项目，以便提供多年的背景值，从而更好的评估新建大坝的影响。如果不是鲁菲吉流域水务办公室开展了独立监测，人们可能不会发现基汉西大坝下泄流量被低估了，而如果没有监测和执行计划，塔里木河流域灌区也无法严格遵循取水配额。

由于布里奇河大坝下游部分河段的生态响应存在不确定性，环境流量方案宜采用适应性管理方法。预期的生态响应可通过监测不同下泄流量确定，基于最佳下泄方式的大坝运行调度方案在 2012 年后进行修订。作为环境流量的一部分，莱索托高地调水项目的监测工作表明，除分布有濒危鱼类的两个河段外，其他河段均已达到或远远超过了河流的健康目标（表 7.4）。

| 表 7.4 | 莱索托高地河流状况监测结果 | | |
河 段	设定的河流状况	实测的河流状况	实测与目标的对比情况
河段 1	3	3	达到目标
河段 2	4	3	超过目标
河段 3	4	2～3	超过目标
河段 4	3	2	超过目标
河段 5	2	2	达到目标

河　　段	设定的河流状况	实测的河流状况	实测与目标的对比情况
河段 6	2	3	低于目标
河段 7	4	3～4	超过目标
河段 9	2	3	低于目标

成功的环境流量案例可以产生深远的影响。索多彻湖（Lake Sudoche）的修复案例使乌兹别克斯坦政府更有信心采用环境流量修复生态退化的湖泊。咸海北部的局部修复案例促使哈萨克斯坦政府开始着手考虑其他退化水域的修复工作。布里奇水利大坝采用的改良运行方案也改善了不列颠哥伦比亚省的其他用水方案。印度默哈纳迪河（Mahanadi River）纳拉吉拦河坝（Naraj Barrage）制定环境流量规章的经验为奥里萨邦新水务政策分配环境流量优先权奠定了基础。而莱索托高地工程环境流量评估中制定的 DRIFT 方法目前已经在多个国家得到了广泛应用。

7.2　体制驱动力

公众的关注是修复和重建项目的重要助推剂。咸海、索多彻湖和塔里木盆地的绿色走廊修复（表 7.5）给下游居民带来了显著的生态效益，因此用于修复的水量往往被认为是必需的水量，而非是环境流量。在塞内加尔河流域案例中，马南塔利大坝下泄一定的洪峰流量可使中下游地区居民受益匪浅，虽然一开始居民的呼声非常有限，但在非政府组织的帮助下，这些居民最终实现了他们的愿望。即使公众关注并不是主要因素，但公众对环境恶化和当地鱼群所受威胁的关注度不断提升是加拿大布里奇河大坝重启背后的重要驱动力。

当生态系统服务退化显而易见时，实施环境流量就不存在争议。咸海和塔里木河流域项目是政府参与的两个最具影响的修复项目，在这两个项目中修复下游区域的环境流量是项目的主要目标之一。这与湄公河流域的案例形成鲜明对比，在湄公河该案例中，环境流量被一些国家政府认为是阻碍发展的绊脚石。

司法驱动几乎没有什么影响力。布里奇河是众多案例中唯一一个是司法驱动力促使实施环境流量的案例。在该案例中，由于担心被联邦政府告上法庭，卑诗水电公司自愿对其运行方案进行了审核，以改善下游的环境状况。

程序驱动力主要为正在开展的项目提供支持。在奇利卡潟湖和塔里木河

表 7.5　新建基础设施项目及重建项目驱动力一览

项　目	司法性	程序性	评估性	可操作	专业性	公众性
新建基础设施						
伯格河		1998年《国家水法》为贯彻实施流量评估提供了法律驱动力			在更早的阶段，专家提倡将环境流量纳入大坝规划中	开普花卉王国是（Cape Floral Kingdom）是公众议论大坝影响的主要原因
奇利卡潟湖	国家水利计划保障了环境流量的合法性，但并未成为具体的驱动力			世界银行要进行环境流量评估，作为提供重建纳加拉吉水坝贷款的部分要求，但这些建议尚未得到实施		潟湖社区要求对洪水进行管理以及修复潟湖生态系统，是实施环境流量的间接压力
基汉西下游峡谷			鲁菲吉河流量办公室成为实施的评估机构	政府及世界银行的实地调查为修复计划奠定了基础		国际非政府组织给坦桑尼亚政府和世界银行施加了非常大的压力，迫使该项目维持濒危的生态系统
莱索托高地调水工程				世界银行的保障措施最初在第1A期项目中未包含环境流量，但是，环境流量在随后的第1B期项目中成为主要驱动力	南非的实践经验和要求已成为间接的专业驱动力	

续表

项 目	司法性	程序性	评估性	可操作	专业性	公众性
重建及重启工程						
咸海						当地社区是主要驱动力：大量的非政府组织对环境恶化的宣传向国际行动施加了压力
布里奇河	联邦政府法法执法迫使卓菲水电站编制环境流量调查报告		水力发电的附加审查要求出具用水方案			公众关注鲑鱼的健康状况；环境团队提倡进行水流管理
塞内加尔河		塞内加尔的《水宪章》通过后包含了保障下游流量的条款		世界银行作为火轮机贷款时参与了后期项目		非政府组织的研究显示了修复洪泛平原的重要性
塔里木流域		《中华人民共和国水法》具有一定的支撑作用，但不是驱动动力			主要的驱动力是政府将保护下游运视作头等大事	

来源：作者。

流域两个案例中，国家水资源规划和立法都在与环境流量评估方面的要求基本相同，但在推动和实施环境流量时却难以发挥足够的影响力。在伯格河、基汉西峡谷、塞内加尔河等案例中，程序驱动力为正在开展的环境流量评估项目提供了大力支持。

非政府组织在提高公众与政府对环境流量的关注方面起到了重要作用。虽然在多个案例中非政府组织为环境流量评估提供了助力，但在基汉西下游水电项目中非政府组织是主要的驱动力，非政府组织施加的压力加速了坦桑尼亚政府和世界银行对受损生态系统的修复工作。鲁菲吉流域水务办公室也因此是实施环境流量最为重要的机构，在将下泄流量作为水权组成部分进行谈判协商时以及在监督和执行水权中均发挥了核心作用。

在评估大型基础设施项目时，重点关注下游问题，比如环境流量评估，需要在可行性研究的规划与实施中以及在环境影响评价中得到充分认识并加以解决。对于新建的基础设施，值得注意的是，在多个项目获得批准时，环境影响评价并未对下游的环境流量问题给予足够的重视。这就会出现以下情况：水力发电第六期项目（基汉西峡谷）最初认为下游不存在敏感生态系统；莱索托高地调水工程认为跨边界协议中包含的最小流量可满足下游的需求；塔里木河流域项目，一期工程改善了上游灌区的管理，但并未增加下游流量以促进下游绿色走廊修复。塞内加尔河的马南塔利大坝在最初的开发中也出现过相关的问题。在这些案例中都需要后期采取补救措施来解决这些问题。

7.3　经验小结

以下是对修复与重启项目进行分析得到的一些经验：

（1）如果下游环境的修复需要大量水量，则基础设施投资较大；相反，如果下游环境的修复依赖于发生时机的转变而非水量，则投资规模相对较小。

（2）重启项目的环境流量评估费用一般非常低，通常少于 10 万美元。

（3）重启和修复重建项目有时可为依赖于环境流量的下游地区和用水对象创造双赢。

以下是对新建基础设施项目进行分析所得到的一些经验：

（1）在进行新建基础设施开发时，集水区及流域的水资源分配方案是水资源的分配的标尺。

（2）为下游地区提供环境流量会产生实实在在的经济效益；当制定水资

源分配决策时，对该类效益进行经济分析并进行量化，可为决策提供有力的依据。

（3）对于新建基础设施，环境流量评估费用只占开发费用的很小一部分；由于项目规划时没有进行全面的环境流量评估，对基础设施进行改建带来的费用成本可能会非常高。

（4）强化环境流量决策机制非常关键，如监测计划，基础设施管理者们常面临限制下泄环境流量的压力。此时，将环境流量整合到投资项目的决策中，依然面临着巨大的挑战。

（5）获得各方的认可，即在开发项目中实施环境流量可为所有相关团体产生社会效益。

（6）在所有会影响河流水流和地下水水位的活动中引入环境流量概念和方法，包括大型土地利用方式的变化。

（7）评估开发活动对下游所有生态系统的影响，包括地下水在多个部门、河口以及近岸海域生态系统。

（8）达成共同的环境意识，使环境流量评估成为项目筹备和环境影响评价的组成部分。

注释

❶ 目前，在澳大利亚墨累-达令河流域已有 100 亿美元用于将水资源返还给环境。

第 Ⅳ 部分
主流化实践

第 8 章

成 就 与 挑 战

世界银行在全球范围内开展了大量环境流量相关的工作，不断在实践中汲取理论和实践经验，并逐渐建立了一个环境流量相关知识的全球数据库。

纵观全球，在越来越多的发达国家（澳大利亚、新西兰、美国及欧盟成员国）中，保障环境流量已形成制度并加以普及，这些国家的主要水资源基础设施建设已经接近尾声（应对气候变化的基础设施建设除外），在流域集水区层面上的环境流量保障是现阶段水资源配置的重点任务。而处于转型期的国家，同样重视在流域层面保障环境流量的问题，如南非就正在实施全国性的流域层面的水资源计划。保障水环境健康的重要性已经被越来越多的国家认同，并支持在水资源分配计划中纳入环境流量。

这些国家保障环境流量的重点早已不再局限于河流和湿地，而是延伸到河口、近海海域及相关的地下水系统等区域。但是正如评估下游河流生态系统环境流量所遇到的困难一样，这些新区域的理论和经验还是相对匮乏的。

相比之下，一些发展中国家反而更重视评估新的基础设施对下游的影响，或修复现有基础设施破坏的下游水生态系统❶。虽然在流域水资源配置方面，世界银行的经验尚浅，但是在协助发展中国家的生态系统恢复方面却做出了卓有成效的贡献，这些发展中国家包括中国（塔里木河流域）、塞内加尔流域、中亚（咸海北部）。

回顾过去的 20 年，环境流量科学的发展取得了长足的进步，研究的重心也从单个水生物种拓展到生态系统恢复和保护方面。而环境流量的计算方法也在不断更新，从简单的桌面方法转变到基于野外监测的、更为复杂的整体法。其中一些整体法试图将水文环境科学和社会经济学的知识结合起来，各国涵盖不同研究背景的研究团队也在积极开展多学科背景下的环境流量计算研究，并积攒了一定的经验。

国际发展组织和非政府组织积极在发展中国家推广和宣传环境流量的概念，这些组织通过举办培训课程，协助各部门实施环境流量评估，同时制作宣传材料，普及环境流量知识。世界银行通过世界银行-荷兰水伙伴项目提供了内容更为丰富的环境信息，并发放了大量的环境流量辅助材料。

8.1 科研成果

在过去 15 年中，关于环境流量的研究取得了巨大进步，其中包括环境流量相关技术概念的普及和环境流量评估技术的开发等。

8.1.1 理解环境流量

随着水文学知识和生态学知识的发展，人们加深了对淡水系统中物种与生态响应关系的理解，同时各研究人员也基本认可应选取具有生态学意义的参数进行研究。

目前，已经有许多国家和地区掌握了洪泛平原、湿地与水文情势的响应关系，基于河道内物种（尤其是鱼类和无脊椎动物类）对流量需求和流量对食物链扰动的更加深入的了解，人们对于底质和物理栖息地与水文情势之间的响应关系有了更深层次的认知。但是这些知识仅适用于研究数据产生的地区，难以得到广泛应用。

然而在实施环境流量评估的新区域（河口、近海海域及地下水系统）对于生态响应关系的认识还未达到理想深度。

水文学的发展也促进了对环境流量的理解。河网模型的发展（虽然模型精度受限于数据完整性）可以用来预测对生态有利的流量；水力学模型可以预测研究区域的水位和流速；第一代水力学模型也可以模拟出洪泛平原的淹没面积（有时是持续时间）。

环境流量评估涉及多学科，包括水文学、生态学、地貌学和水文地质学。在一些实际案例中，还涉及经济社会学知识。此外，在组建不同学科的学者和专家形成研究小组方面积累了大量的经验，尽管这些研究人员使用的专业术语、计算方法和学科背景不尽相同。

8.1.2 环境流量评估方法的发展

在过去的 15 年里，研究人员在环境流量评估实践工作中不断总结经验教训，并将这些经验通过网络或出版物的形式传播❷。同时还制作了技术文档、简报、网页，并定期培训，推广环境流量的应用。研究人员对环境流量评估的诸多方法进行评价，分析各种方法的优势与不足，明确适用范围，进行案例的个性化处理。这种个性化处理在湄公河流域和潘加尼河案例中进行了阐述（案例 7 和案例 8）。

8.1.3 现阶段面临的挑战

（1）"环境流量"这一术语容易引起混淆。管理者可能因为误解环境流量的含义而反对进行环境流量评估。虽然使用"社会流量"或"环境及社会流量"等新术语可能会有助于解决这一问题，但是由于"环境流量"一词已经深入人心，短时间术语转换难度较大。而继续沿用这个术语，又意味着无论何时都要强调保障环境流量的目的是维护河流系统健康，并且这些系统会为社会带来效益。

（2）有必要将河流以外的水体的影响纳入考虑。环境流量评估的初始目的是判断河流流量变化对生态系统的影响。随后环境流量的评估范围拓展到湖泊、地下水、河口及近海系统（Young，2014）。虽然部分环境流量评估案例中已经包含了这些水体，但是缺乏将水文循环中非河流型水体整合到环境流量评估的体系中。

（3）土地利用的变化对河流生态系统的影响还未考虑。虽然可以凭借经验评估土地利用变化导致的年均截流量变化，但现阶段的经验显然不足以详细地评估土地利用变化对下游生态系统的影响（Zhang et al.，1999）。

（4）气候变化会造成流量大小和流量发生时机的变化，进而影响人们赖以生存的生态环境（方框 8.1）。气候变化还会影响灌溉、工业和城市用水需求，在时间、空间对水量和水源需求等方面影响环境用水的供应。气候变化是重要的催化剂，促进了对环境资产和生态系统服务的重新评估，甄别并保障基本的环境资产和生态系统服务。而气候变化对环境流量的多重影响尚未纳入到环境流量评估的计算范围和水资源配置工作中。

方框 8.1

气候变化和蒸散发

基于人们的常识，气温和蒸散发量呈正比关系，但是基于蒸发皿测算的蒸发量发现，过去 50 年里随着气温的上升蒸发量一直在下降。

产生这种相悖情况的原因在于，相较于空气温度，蒸发量对净辐射、

空气蒸汽压力及风速变化要更为敏感。鉴于蒸汽压力和全球温度在同步上升，相对湿度保持不变。因此蒸发皿中蒸发量对风速变化变得尤其敏感。据报导，在澳大利亚、中国、印度、新西兰、泰国及美国，平均风速都呈现了下降的趋势。这可能是蒸发皿蒸发量下降的主要原因。但也很难直接定论长期年均风速的下降是受当地局部环境变化的影响（比如，树的生长或其他会对空气流动造成影响的情况），还是受地域变化的影响。

来源：Roderick et al.，2007。

（5）地表水和地下水的环境流量评估通常是分开进行。然而在许多情况下，地表水和地下水之间存在着很强的依存关系，因此环境流量评估应该基于地表水和地下水的综合系统进行。如一些环境资产在一年中不同时段对地下水和地表水均有依赖，这些环境资产维持生态系统服务需要联合规划地表水和地下水，然而由于缺乏对地表水和地下水连通性的理解，在许多情况下对地表水和地下水系统分别进行环境流量评估。

（6）综上所述，区域环境影响评价有待将环境流量评估整合到环境影响评价（项目层面的评价）和战略环境评价（更具战略性的评价）中去。因为环境影响评价和战略环境评价主要是由环保部门负责的，而环境流量评估却是由水利部门负责的，直接导致对水资源变化和环境变化的响应出现信息不对称的问题，影响环境项目实施。针对这一情况，世界银行需要将环境流量充分整合到项目的规划、设计、运行及环境评估中。这种高层次决策的另一个作用是确保水资源和环境政策法律在国家内部得到协调。世界银行可以促进这一协调，保障这一整合的有序进行。

最后，环境流量的基础是水资源共享理念，也就是说，河流或地下水系统中的流量应该平等共享。上游基础设施项目一般都会产生很大的经济利益，而在许多案例中，该类经济利益被那些远离水资源的地区获得，这显然是不合理的。利益共享为水资源共享提供了备选方案，即项目开发所得利益，由上下游受影响人群共享。而保障环境流量的目的是，通过提高和保护环境来提供产品和服务，建立利益共享体制。这就要求首先在决策中考虑对下游社区的影响，并让这一群体参与决策讨论，其次是分享发展带来的好处，本着公平公正的原则，赔偿那些由于流量的减少或水文情势的改变造成环境产出和服务功能减少而遭受损失的居民。

8.2 在决策层面考虑环境流量

最初对于保障环境流量的考量是在新建项目的评估过程中进行的，但是随着环境流量重要性的提高，保障环境流量已经逐渐提高到了战略决策的高度，目前环境流量已经纳入到国家水资源政策和流域或子流域的水资源配置计划中。

政策成绩

正如本文中提到的澳大利亚、欧盟、美国佛罗里达州、南非及坦桑尼亚的案例所示，环境流量已经被纳入到部分国家的水资源政策中，虽然目前在政策中明确认可环境流量的大部分都是发达国家，但是已经有越来越多的发展中国家在考虑将环境流量纳入政策之中。

环境流量的政策条款在佛罗里达州、澳大利亚及南非都取得了很好的效果。在美国佛罗里达州，虽然没有严格按照时间表执行，但已经在 237 个水体中设立了最小流量或水位。在澳大利亚已经有 120 个流域和地下水配置计划中涉及环境流量条款。尽管与美国佛罗里达州情况相同，澳大利亚在实施环境流量条款时也存在实施进度滞后的情况。在南非所有流域都设立了临时生态补水。

世界银行在协助一些发展中国家在水政策中纳入环境流量过程中发挥了重要作用，如坦桑尼亚的国家水政策、奥利萨邦的水政策及塞内加尔的流域水事宪章。目前，世界银行正在为墨西哥提供技术援助，以支持其修订水资源政策，也为中国水资源援助战略提供了相关支持。世界银行还致力于促进印度若干个邦的能源产业部门与巴基斯坦水资源部门开展政策对话。

8.3 规划成绩

欧盟出台的欧盟水框架和澳大利亚出台的澳大利亚水资源改革议程都涵盖了环境流量条款，而南非和坦桑尼亚也正在制订包含环境流量条款的流域水资源规划，虽然南非克鲁格国家公园集水区尚未制订相应的水资源规划，但是由于该地区制定了在流量规划中考虑环境流量的方法，在国内和国际都享有盛名。

世界银行一直致力于推进制订流域层面的水资源规划，为在湄公河流域和塞内加尔流域的环境水资源计划中引入环境流量做出了贡献。在湄公河流域，世界银行荷兰水伙伴项目推荐了一位资深的国际环境流量专家加入湄公河委员会。世界银行作为全球环境基金水资源利用项目的执行单位，为1995 年制定的湄公河协议中涉及的环境流量条款的实施提供了援助。在塞内加尔流域，世界银行为塞内加尔流域水事宪章的贯彻实施以及马南塔利大坝涡轮机安装后的环境流量保障提供了技术支持。

8.4　基础设施项目

越来越多的案例表明，环境流量被纳入到了新基础设施的运营和既有基础设施的恢复重建和重启项目中。

以加拿大桥河大坝修订运行条款为例，该条款的修订既改善了环境，又提高了发电量。这个计划的最大亮点是让利益相关者参与制定重启条款，并制订能为下游提供最大效益的下泄流量方案和适应性管理方案。又如，大自然保护协会和美国陆军工程兵团成功建立了伙伴关系，共同审查美国陆军工程兵团旗下的 26 个大坝的操作规程，并由大自然保护协会为美国陆军工程兵团运营的各个大坝提供技术指导。

南非伯格河大坝项目是在开发新基础设施过程中评估环境流量重要的案例。这也是南非在国家水法框架下首次在水基础设施建设项目的设计、建设和运行过程中考虑基本人类需求和生态保障问题。南非伯格河大坝项目遵从世界水坝委员会的指导意见。研究人员系统总结了确定环境流量的适应性方法，包括预可行性调查，可行性研究以及举办专家咨询会咨询专业意见。预计在完成三年的监测后最终确定生态补水量。

世界银行一直致力于在环境评估的实践过程中不断总结经验。从最初的讨论到环境流量评估，到环境流量制度的执行，再到监测与监管方案的实施，世界银行都在发挥着重要作用。世界银行还利用自身的影响力，积极开展科学研究和对话，促进跨边界生态流量协议的达成。2002—2004 年，塞内加尔流域各国签署了《水事宪章》，该宪章中包含了为维持下游生态系统功能提供环境流量的条款。为完成这一条款，要求在马南塔利大坝运营过程中为河流中段的洪泛平原提供人造流量。同时，还在该流域内实施了河堤泄洪，以利用河口附近的迪亚曼大坝为三角洲中的戴沃领国家公园提供环境用水。

世界银行支持的莱索托高地调水项目为卡齐坝和莫哈尔大坝的运行制定了环境流量政策和执行程序。这是世界银行在项目开发期间首次系统性地安置下游移民和制定补偿方案。被独立审计称为"全球实践的前沿"（Lesotho Highlands Development Authority，2007；方框 8.2）。

方框8.2

莱索托高地调水项目的成就

南非环境流量顾问团在项目执行期间开发并应用了环境流量评估的DRIFT方法，为环境流量学科的发展作出了重要贡献。DRIFT方法是首个综合考虑环境、社会和经济因素来评估不同流量情景产生的影响的整体法。现在已经应用在南非制定环境流量的研究工作中，并经过改进应用在潘加尼河、湄公河流域的环境流量研究中。

莱索托高地调水项目进行了非常全面的环境流量评估，成功说服了发展管理局为下游用水团体提供水量。

同时该项目的环境流量评估还计算了不同环境流量方案的经济影响，通过社会调查，研究人员发现有接近39000个下游居民会直接或间接受到水资源政策的影响，严重超出了预估，比上游受影响人数高一个数量级。

环境流量评估研究和经济分析的结果显示，莫哈尔坝和卡齐坝的流量比1986年莱索托高地调水项目条约中规定的初始最小流量分别高出了3倍和4倍。为了解决这一问题，莫哈尔大坝通过改变出水闸尺寸来适应增加的流量，卡齐坝也安装了出水闸来应对环境流量评估后下泄流量的增加。经过协商，项目和受影响的下游居民基于距离大坝的远近和监测方案的结果协商制订了赔偿支付方案。

另外，项目还制订了监控方案。监测结果表明：根据商定的环境流量，除两个河段外，其他所有河段均已达成甚至超过河流健康目标。

项目成果包括在不影响项目经济效益的前提下，获得超过预期的生态效益和对下游居民更好的赔偿方案。同时，由于该项目受到过两个监管小组投诉和重大腐败指控，因此该方案的实施也改善了由此带来的高风险项目的政治形象。

来源：Watson。

世界银行对咸海北部和塔里木二期恢复工程的援助也取得了巨大成果。在此之前，咸海是众所周知的一个几乎不可恢复的生态系统的典型，然而，世界银行利用对锡尔河的治理和北部咸海项目的实施，通过引入雄厚的资金、获得政府大力支持、得到世界银行强有力的指导和上游基础设施的科学调控，终于使咸海这一被视为不可恢复的生态系统得到了恢复。

塔里木河的生态系统退化，不仅使当地的经济损失严重，更对中国的一条主要的交通线路造成了战略上的威胁。借助世界银行的技术和财政援助，中国省级政府终于成功恢复了台特玛湖下游的水量，同时增加了灌区的农业产量和收入。

资料及援助

国际发展组织和非政府组织为在项目初期或流域规划中考虑环境流量问题的国家制作了大量的援助材料，包括文件、网站、数据库等，并定期组织培训和讨论。世界银行通过环境流量方面的水资源及环境技术报告为这些援助材料进行了补充。

世界银行-荷兰水伙伴项目出资赞助的环境流量专家小组通过课程培训、举办专题研讨会和技术援助等方式已经向 16 个国家提供了环境流量相关的援助。部分国际发展组织和非政府组织也举办了一些颇具影响力的环境流量培训课程，如世界自然保护联盟在中美洲举办的旨在建立信息丰富并具影响力的环境流量护卫者联盟的培训课程。

注释

❶ 也有特例，如坦桑尼亚就正着手制定一个包含环境流量条款的流域水资源配置计划的项目。

❷ 见 Postel and Richter (2003)；http：//dw. iwmi. org/ehdb/wetland/index. asp.

第9章

环境流量的主流化框架

环境流量对于维持可持续发展、利益共享以及解决贫困问题至关重要。在某些情况下环境流量评估能够使水资源利用变得更高效，也能为环境和用水户带来更多的效益。在气候变化的背景下，面对不断变化的社会价值和供水的减少，有效地将环境流量纳入决策制定中是促进对环境负责的水资源开发的必要条件，而且对制定环境保护型气候变化适应性战略也至关重要。要分享水资源基础设施发展带来的共享利益，需要将环境流量评估纳为项目不可分割的部分。各国通过公、私部门的投资，扩大大坝等基础设施建设，同时为实现环境可持续发展和承担社会责任，各国还应采取科学可信的环境流量评估方法来更加系统、及时地应对水利建设对下游的影响问题。

9.1 发展前景

本书的总体目标是，将世界银行对环境流量的理念和架构纳入水资源综合管理中。实现这一目标对于支持世界银行最近的几项战略和行动的实施至关重要，其中包括基础设施行动计划、水电投资、农业水管理倡议、供水和卫生业务计划、气候变化与发展战略框架，这些项目以对环境负责的方式执行，符合可持续发展网络下将环境纳入世界银行主流业务的愿景。

前面的章节阐释了环境流量对水资源综合管理的重要性，它们如何受到气候变化的影响以及它们对水资源部门应对气候变化的核心作用。这些内容强调了人们对环境流量更深入的理解和认知，以及在世界银行内外的政策、规划及项目层面上将环境流量纳入水资源管理中。这些内容也解释了跨产业、跨地域用水要实施环境流量面临的复杂性和挑战。

在实施环境流量包括监测和调整管理程序方面，各国已经积累了越来越丰富的经验。第5章、第6章、第7章总结了在水资源政策、河流流域或集水区规划、基础设施发展及重建项目的设计及运营中引入环境流量所积累的经验。

前面几章为世界银行及其贷款国更好地将环境流量整合到政策改革，河流流域规划，土地利用变更及流域管理项目，基础设施投资规划、设计及运营等方面提供了指引。其中最大的经验教训是，项目筹备阶段如果不进行或推迟进行环境流量评估，就会大幅度提高经济、社会、声誉及政治成本。虽然证据有限，但已足以证明一点：新基础设施的环境流量评估成本通常较小，而改造既有基础设施，增加其容量和环境流量灵活性，成本则可能会非常高。然而，在利益相关者最少参与水利基础设施未经改造的情况下，如果通过修改现有水电站大坝运行方式来下泄环境流量，那么成本可以相对较低，根据美国自然保护协会与美国陆军工程兵团的经验，成本均为 5 万～7.5 万美元。

另一个重要的经验教训来自非洲的两个案例（塞内加尔流域及莱索托高地调水项目），重点强调环境流量和沿河社区生活之间的重要联系。在塞内加尔案例中，马里、毛里塔尼亚、塞内加尔、圭亚那政府间签署的水事宪章认可了向河流中段洪泛平原提供流量，并确保维持农业和渔业活动。

莱索托高地调水工程不仅在开发和应用新环境流量评估方法上开辟了重要领域，而且运用了优良的方法，把由于河流流量的减少导致的社区生活资源减少与解决环境流量对下游的影响联系起来。目前，在尚未明确定义解决大坝下游社会影响的方法、流程及指导意见的情况下，莱索托高地调水工程中环境流量的经验为我们提供了重要启示：

（1）理解环境流量对下游地区与上游地区影响的差异。

（2）认识到大坝下游受影响的人数（约 39000 人）和上游受影响的人数（约 4000 人）在数量级上的差异。

（3）开发一种能够系统地确定大坝下游受影响的居民（或存在风险的人口数量）的方法。

（4）界定与河流流量变化相关的下游社会经济影响。

（5）设定方法，用于处理和缓解与河流流量的显著变化有关的社会影响及限制条件（解决临近河段与较远河段影响问题）。

（6）新大坝运行过程中制定和实施一个成功的环境流量政策所面临的挑战。

世界银行项目实施过程中环境流量评估的成功，是各个团队负责人的强大的领导力和其他因素的结果，而不是与整合环境流量和修复生态系统措施相关的正式的要求和指令。然而，将环境流量评估纳入水资源主流化管理中（在较好的商业模式下）需要世界银行积极进行转变，从使用某种特定方法转变为一种更结构化、更系统且更具时效性的制度化方法，来支持世界银行将环境流量评估纳入到水资源基础设施的规划、设计、运行及政策对话中。

世界银行从澳大利亚、南非及欧盟国家的可持续发展网络的推行过程中吸取了以下经验教训：

（1）应将环境流量提升到更具战略性的政策层面及流域规划层面，确保环境流量分配有坚实的基础。

（2）在可能的情况下，应将环境流量整合到现有的水资源综合管理及环境评估过程中，例如流域层面的水资源规划的制定。

（3）在任何影响下游生态系统及相关居民的开发活动中都应该考虑环境流量，包括土地利用的变化。

（4）包括河口和近岸水域在内的下游水生生态系统的全部范围都应该包含在环境流量的评估中。

（5）在地表水和地下水耦合的系统中，应该在环境流量评估里综合考量地下水和地表水的需求。

（6）气候变化改变了水资源可利用量、环境资产和需求模式，因此，在制定流域/集水区规划、进行项目层面的影响评价时，应考虑气候变化。

最后，国际发展组织、非政府组织及研究机构在开展环境流量评估及向发展中国家提供培训及其他援助方面积累了大量的专业知识。他们的经验能够提高世界银行在环境流量整个决策制定过程中召集发展伙伴的能力，并提升与发展中国家共同合作的能力。

9.2 银行行动框架

行动框架方案包含 4 大组成部分：加强世界银行能力、加强项目贷款中的环境流量评估、推进环境流量在政策和规划层面的整合、扩大合作关系。表 9.1 对上述行动进行了总结。

以下准则旨在加强世界银行能力：

（1）在水资源和环境的相关团体中，加强普及环境流量有关概念、方法和成功经验，促进将环境流量纳入项目评价与战略环评中。

（2）壮大拥有环境流量评估培训经验的生态学家、社会科学家及环境、水资源专家的队伍，建设世界银行在环境流量评估方面的内部能力。

下列准则旨在加强项目贷款中的环境流量评估：

（1）在世界银行内外传播规划和项目中环境流量评估的指导材料，并为世界银行及贷款国职员提供针对该新兴问题的培训。

将环境流量纳入世界银行的工作框架

表 9.1

成　果	决策层面	世界银行工具	支持材料	合　　作
将环境流量评估纳入基础设施规划研究中，包括环境影响评价及战略环境评价	新投资项目计划；重建或重启项目	利用现有技术对环境流量评估进行说明，提高计划及项目设计中对下游问题的重视程度	更新环境评价关于环境流量的材料；培训材料；其他支持材料，包括案例研究	与经验丰富的国际机构、非政府组织、国际水电协会及其他产业集团合作
将对下游社会的影响分析纳入基础设施规划中	新投资项目计划；重建或重启项目	利用世界银行在过去项目中的经验（如来索托高地调水项目）提高项目和规划设计中对下游社会问题的重视程度	关于下游社会问题及其影响、减轻措施、赔偿方案的技术说明；培训材料；包括案例分析在内的其他支持材料	与SDV合作以提高水利发电项目在当地的效益
将环境流量评估的运用范围扩大到非基础设施项目中	新投资项目	在国家援助战略及国家水资源援助战略中纳入环境流量因素；测试环境流量在此类型操作中的应用效果	环境评价中关于环境流量的更新材料；培训材料；其他支持材料	汲取流动或算入评估的国家截流活动的经验
确保环境流量评估包含所有受影响的下游生态系统	投资及非投资项目以及流域及集水区规划	提高项目和计划设计中对下游问题的重视程度；利用现有技术对环境流量进行说明	技术文档；培训材料	与经验丰富的国际机构和非政府组织合作

续表

成　果	决策层面	世界银行工具	支持材料	合　作
促进环境流量纳入流域及集水区规划	流域及集水区规划	在国家援助战略及国家水资源规划提案中纳入环境流量评估方面的内容	技术文档；培训材料	与经验丰富的国际机构和非政府组织合作
促进环境流量纳入水资源及环境政策	国家政策及跨界协议	在国家援助战略及国家水资源政策提案中的环境与水资源纳入案中对下游生态系统影响方面的内容	技术及分析文档；培训材料	借鉴已将环境流量纳入水资源及环境政策中的国家的相关经验
行业政策与水资源政策的协调	国家政策	在国家援助战略及改革提案中考虑水资源及环境政策的协调	技术文档及分析文档	借鉴已将环境流量纳入水资源政策及行业政策中的国家的相关经验

（2）在项目可行性研究报告的筹备阶段和实施阶段，作为规划和监管工作的一部分，识别环境流量评估采用的条件、方式和方法进行确认。

（3）为水文监测站网和水文建模提供支持，为实施环境流量评估提供基础信息。

（4）更新关于在项目环评和战略环评中使用环境流量的环境评价资料手册。

（5）编制技术文档，制定评估基础设施对下游影响的技术方法。

（6）测试环境流量评估的应用效果，包括除大坝以外影响河流流量的基础设施建设（如防洪河堤及地下水超采），以及对下游流量和生态系统服务产生影响的非基础设施，例如大规模土地利用变化和流域管理投资的变化。

（7）在恰当的试点项目中扩展环境流量概念的影响，将地下水系统、湖泊、河口及沿海地区等所有受影响的下游生态系统包含在内。

（8）为世界银行职员及贷款国人员编写支持材料，如案例研究、培训材料、技术说明及效果分析等。

以下措施旨在推进环境流量在政策层面和规划层面的整合：

（1）通过国家对话推进包含环境流量分配的流域计划。

（2）利用国家援助战略及国家水资源援助战略加大银行对流域规划和水资源政策改革方面的援助力度，以便将环境流量分配用于扶贫问题和实现千年发展目标。

（3）将环境用水需求纳入世界银行的战略环境影响评价中，例如国家环境影响评价，或行业环境影响评价。

（4）测试环境流量评估在部分行业中调整贷款业务的作用，包括哪些行业调整可能导致大规模土地利用变化。

（5）推进发展中国家环境流量概念与行业政策的协调，促进行业机构理解考虑其政策对下游居民影响的重要性。

（6）为银行工作职员编制关于将环境流量纳入流域和集水区规划以及纳入水资源政策和立法改革的支持材料。

（7）在集水区规划中的环境流量方面，借鉴经验丰富的发达国家的经验。

最后，通过以下途径扩展合作关系：

（1）扩大与非政府组织（世界自然保护联盟、自然遗产研究所、大自然保护协会、世界自然基金会等）、国际组织（国际水资源管理研究所、国际湿地公约秘书处、联合国环境规划署、联合国教科文组织）及研究机构的合作，充分结合这些机构在环境流量评估方面的经验，推进在发展中国家的环境流量能力建设。

（2）巩固与国际水电协会等行业协会间的合作关系，加强私营部门筹资，发展私营部门对环境流量的认识，使其认识到环境流量不仅是一个水文名词，还是由下游流量提供的生态系统服务的成果。

（3）协调上述活动，总结经济与部门分析工作中的经验，推动世界银行可持续发展框架及能源、交通、水利部门的发展，加强水电项目给当地居民带来的福利。

通过这一框架，银行将更有条件的运用综合考虑了经济、社会、环境影响的新的商业模式，将更多投资用于水利基础设施建设。

第 V 部分
附　　　录

附录 A

布里斯班宣言

环境流量对淡水生态系统的健康和人类福祉至关重要❶。

2007 年 9 月 3—6 日，第十届国际河流研讨会暨国际环境流量会议在澳大利亚布里斯班召开，来自世界 50 多个国家的 750 多名科学家、经济学家、工程师、资源管理者以及政策制定者进行了研讨，所形成的《布里斯班宣言》为本次研讨会的主要成果及全球行动议程，其强调了全球河流迫切需要进行保护。

主要成果包括以下几方面：

（1）淡水生态系统是我们社会、文化及经济福祉的基础。健康的淡水系统，如河流、湖泊、洪泛平原、湿地及河口，为我们提供了支撑全球各国的经济发展和日常生活的必需物质，如清洁水资源、食品、纤维材料、能源及其他福利。淡水系统是人类的健康和福祉不可或缺的要素。

（2）淡水生态系统正遭受严重损害并以惊人的速度持续恶化。相对于陆生物种和海洋物种，水生物种消亡速度要更为迅速。随着淡水生态系统恶化，人类社会失去了重要的社会、文化及经济利益；河口失去了生产力，入侵植物和动物泛滥成灾，河流、湖泊、湿地及河口的自然恢复力退化。严重的累积影响已呈现全球化趋势。

（3）流入海洋的水源并不是一种浪费。流入海洋的淡水为河口区域提供丰富的食物、减少基础设施受风暴和潮涌的影响、滋养了河口区域，而且还能稀释污染物、净化水质。

（4）水流变动危及淡水及河口生态系统。淡水及河口生态系统可持续发展依赖于优质的水源及天然变动的水流过程。当人类试图控制洪水，向城市、农场及工业供水，引水发电以及发展航运、娱乐和排污时，环境流量就必须受到高度关注。

（5）环境流量管理旨在提供维持淡水及河口生态系统与农业、工业及城市共存的水流。环境流量管理的目标是以健全的科学为基础，制定参与式的决策，以便恢复和维持健康的、具有修复能力的淡水生态系统，使其社会价值效益更好的发挥。地下水及洪泛平原管理也是环境流量管理的有机组成部分。

（6）气候变化加剧了环境流量管理的紧迫性。健全的环境流量管理通过保持和强化生态系统自身的恢复力来应对气候变化可能对淡水生态系统产生严重的或不可逆的损害。

（7）环境流量已经取得重要进展，但需给予更多的关注。部分政府已制定了开创性的水资源政策，明确了环境流量的必要性。越来越多的水资源基础设施项目已考虑了环境流量，并通过调整大坝下泄流量、控制地下水及地表水抽水强度和土地利用管理等措施维持或恢复环境流量。即便如此，迄今为止所取得的进展仍远远无法满足维持全球淡水生态系统健康以及赖以生存的经济、生活和人类福祉。

全球行动议程

第十届国际河流研讨会暨环境流量会议的代表呼吁全球各地政府、开发银行、捐赠者、流域组织、水资源及能源协会、多边及双边机构、社区组织、研究机构及私人单位共同参与，并致力于恢复和维持环境流量：

（1）尽快在世界各地开展环境流量评估工作。迄今为止，绝大多数淡水及河口生态系统的环境流量仍然是未知的。通过科学可信的方法建立环境流量与某一生态功能或社会价值之间的关系，从而可量化某一水体所需的流量，而非仅仅是最小流量。最新的科学进展使快速的、区域尺度的、科学的环境流量评估成为可能。

（2）环境流量管理须纳入到土地及水资源管理的方方面面。环境流量评估和管理是水资源综合管理、环境影响评价、战略环境评价、基础设施和工业发展及认证，以及土地资源利用战略、水资源利用战略及能源生产战略的基本组成部分。

（3）建立制度化的框架。将环境流量与土地和水资源管理整合需要的法律、法规、政策及程序满足以下条件：①将环境流量视作可持续水资源管理的一部分；②设定合理的自然流量取用量和变动的预警线；③将地下水资源和地表水资源视为一个整体；④突破政治藩篱/约束，维持环境流量。

（4）实施水质一体化管理。尽可能减少污水排放量和加大废水处理率，以减少为稀释污水所需的水量。妥当处理后的废水可以成为环境流量的重要水源。

（5）鼓励全体利益相关者积极参与。高效的环境流量管理牵涉所有可能受影响的相关方和利益相关者，应全面考虑与淡水生态系统息息相关的人类需求和价值。利益相关者所承受的生态系统服务的损失应在开发计划中进行界定并给予合理补偿。

（6）加强贯彻落实环境流量标准。根据实际情况及相关法律，结合环境流量的需求，对自然水流的取用和变动设置明确的底线。对于环境流量不明确的区域，应根据已有的经验，采用预警原则和基本流量标准。对于流量已发生较大变化的区域，利用水资源交易、水资源保护、洪泛平原修复及大坝调度等管理措施将环境流量恢复到合理的水平。

（7）明确和保护自然流动河流的全球网络。大坝及干涸河段会阻碍鱼类迁徙和沉积物输移，进而限制了环境流量所带来的益处。避免河流系统的巨大价值因开发遭到破坏，需确保河流能够维持从源头到河口的环境流量和水系连通。保护生态系统，避免生态退化，比修复受损生态系统更经济有效。

（8）开展能力建设。培训更多的人员，使他们成为科学评估环境流量方面的专家。允许当地社区参与水资源管理和政策制定。提高工程专业知识储备，以便更好地将环境流量管理纳入可持续水资源供应、洪水管理和水力发电等工作中。

（9）实践出真知。一般在流量实施前或者实施过程中构建水文变动与生态响应间的关系，随后对流量进行相应调整。其结果应向所有利益相关者及全球环境流量参与人员进行反馈。

注释

❶ 环境流量是维持淡水及河口生态系统以及依赖于这些生态系统的人类生活和福祉的流量大小、时间和水质。

附录 B

大坝环境流量基础设施设计特征

下文中对输送环境流量所需的基础设施特征的描述取自近期向世界银行提交的一份报告（大自然保护协会和自然遗产研究所）。

B.1 泄洪基础设施

大坝下泄环境流量的能力主要受包括各种出水口和涡轮发电机容量以及多层（分层取水）出水口结构在内的泄洪基础设施影响。本章将依次对上述问题进行讨论。

B.1.1 各类出水口及涡轮发电机容量

水坝运营者为下游提供环境流量的能力主要由大坝的出水口及涡轮发电机容量决定。许多水电大坝由于涡轮发电机的容量不足而无法在不牺牲水力发电量的前提下下泄流量，例如维持下游洪泛平原及河口生态系统健康的理想型可调控洪水。鉴于上述条件限制，某些可调控洪水下泄时的部分水流必须通过大坝的溢洪道排出，这也导致大坝运营商不愿做此牺牲。塞内加尔河流域内马南塔利大坝正面临着这样的困境。在这里，若要淹没 5000hm² 退耕还林的洪泛平原，该大坝每秒钟需要下泄流量约为 2000m³。但是，这里的出水口和涡轮发电机容量仅能提供 480m³/s 的下泄流量，因此，剩余的部分需要通过泄洪道进行下泄，这就削减了水力发电量。如果要进行必要的结构调整，即将发电能力从 480m³/s 提高到 2000m³/s，那么成本非常昂贵。如果项目一开始就对发电量与水库储水量进行优化配置，则淹没洪泛平原将会更具经济性。

在下泄流量快速变化时（称作"调峰过程"），也可能产生生态问题。洪水发生时大坝的泄洪量增加，或新增发电机运作后增大的持续下泄流量，都可能导致对生态有害的调峰过程的产生。调峰的产生可能导致河流和洪泛平原上鱼类及其他动物的大量死亡，或在下游地区引起不利的侵蚀和沉积问题。相反，如果为了调整水库的水位（水头）而关闭大坝出水口，则会使大坝下泄量减少，进而导致河流流量骤然锐减，这样使得移动性较弱的贝类和小鱼及他们的卵被搁浅在河流中地势较高且干涸的位置。在大坝设计时将涡轮发电机规格和水库出水口设计为渐变式结构可最小化该类流量变化带来的问题。另外，在大坝下游建设"反调节大坝"也能以河流流动的方式在一定程度上缓解流量波动。

因而，合理的方案为在设计新大坝的出水口和涡轮发电机容量时，就考虑扩大大坝下泄流量的可变化范围和给予充分的输电能力，由此，大坝运营的目标可以同时满足水力发电和下泄环境流量。通过提供不同规模的出水口，比如组合不同容量的发电机，大坝运营者可实现多重大坝运营目标。

B.1.2 多重出水口结构（分层取水）

由于水库不同深度的水温存在明显差异，因此水库的水可以分层。越接近水库库底，水中的溶解氧含量越接近于零，而这种缺氧状态可能导致深水区水质的恶化。库底的水和其中的有害物质若被释放，则可能给大坝下游的鱼类和其他水生生物带来极其严重的影响。大坝可以通过建设多重出水口结构（也称作"分层取水"结构），使大坝运营者能够灵活地根据一年中的不同时期、不同水质和水温以及下游管理目标下泄水库内不同深度的水体。

B.2 反调节水库

水力发电对自然河流流量的影响在一定程度上可通过修建"反调节水库"缓解，而"反调节水库"通常都紧邻地势最低的大坝建设。通过反调节水库，因水力发电造成的非自然波动可被"抚平"，这种效果可在不影响发电的情况下得以实现。反调节大坝下泄流量的模式更接近于水库来水，而反调节大坝恢复自然流动的能力则是由上游大坝对自然流动的改变程度决定；本质上而言，改变水利大坝流量和恢复反调节大坝的流量所需要的储水能力是相同的。如果要减缓或消除下游地区每小时产生的波动，那么可在水电站下方设立一个小型的反调节大坝。这个反调节大坝能够在一天中提供更稳定的下泄流量，由此对水力发电和环境都能发挥积极作用。但是，如果要利用某一大型水库将河流某几个月的水文过程线恢复到一个更自然的状态，那么反调节水库也需要相同的储水量。将梯级大坝中地势最低的大坝用于流量的反调节也可达到相同的效果，进而为下游环境带来巨大效益。

B. 3　其他设计基础设施

由于目前尚不能提供为维持受大坝开发影响的河流中栖息地的健康及生态系统服务所需的足够的环境流量，因此还需要其他的生态系统保护措施。

B. 3. 1　泥沙输移及冲沙闸门

水库泥沙淤积会使其储水能力减弱，并可能造成大坝越堤和倒塌等失控现象，由此使得其储水功能面临着巨大挑战。水库的泥沙被输送到水力发电入口会给涡轮机带来严重损坏，缩短涡轮机的寿命。

泥沙还会打乱在水库下方形成富有价值的栖息地的地貌发育过程，特别是在泥沙产生率较大的流域。如果从大坝下泄的水流仍对下游河道和河岸有足够侵蚀力，但上游输送来的泥沙又不足以填补已被侵蚀的河道，则可能发生严重的河道下蚀现象，进而会危害道路、桥梁和堤坝等建筑，并改变水生生物的栖息地。向下游三角洲及近海地区输送的沉积物的减少可能会导致对人类及自然有至关重要意义的海岸及岛屿出现侵蚀现象。

在有上述泥沙问题出现的流域及水库中实施泥沙管理措施能够极大地延长大坝的设计生命周期，带来其他的经济效益，如减少水力发电涡轮机的保养开支。泥沙绕过大坝或者穿过大坝都能够减轻大坝对下游河流生态系统的不利影响。

世界银行发行的关于 RESCON 软件的出版物中（Palmieri et al.，2003）提供了几种有效的方法来管理泥沙并评估泥沙管理措施的成本效益。本章归纳了出版物中讨论过的一些方法。

除了要为水库提供死库容来容纳泥沙的沉积，新大坝还应设计成可让泥沙绕过大坝或穿过大坝的结构。一般分为两种类型，泥沙绕过大坝的结构为将泥沙按路线输送到旁通出水口（位于水库上游或水库内能够绕大坝而过并在大坝下游重新汇入河流的通道），并将泥沙和水流排放到大坝下方，由此避免沉积物流入水力涡轮机中。泥沙冲刷是指打开冲沙闸门或其他水位较低的出水口或降低水库水位，让水库中的水开始流过水库和出水口。这种情况下，水流需要足够的流速才能对水库中积累的泥沙进行冲刷。然而该类冲刷方式由于水库水位（水头）必须被大幅降低而导致发电量减少。鉴于水库必须在完成泥沙冲刷后重新蓄满，从而使得期间下泄的流量减少，因此这种方式还会使环境流量管理变得复杂。此外，在大型水库中，泥沙更可能在水库来水端而非大坝后方沉积，这限制了通过冲沙闸门对泥沙进行冲刷的效果。

B.3.2 鱼类洄游设施

"鱼梯"等设施常被用于实现鱼类及其他可移动水生生物向大坝上下游的移动。但是,大坝的高度越高,要建设一个有效的鱼类洄游通道就越难,成本也越高。每一个大坝,包括带鱼类洄游设施的大坝都可能阻碍一部分洄游鱼类的通过。每种鱼类要成功通过大坝都需要大坝有特殊的设计要求。比如,直到最近,澳大利亚大坝建设者才建成了适合来自北半球的可跳跃的大马哈鱼(鳟鱼、鲑鱼)的"水平挡板"鱼梯。但是,澳大利亚的很多本土鱼类却无法跳跃,也无法使用这类鱼梯,这便需要将"水平挡板"鱼梯替换为"竖缝式"鱼梯,使该种鱼类在各段鱼梯上都有休息池。野生水生动物可能会沿着河岸迁徙,这就要求设计者在每种障碍物旁设置通道。野生水生动物也可能跟随着强劲水流留下的痕迹迁徙,而这则要求野生动物通道中有强劲的水流来吸引动物进入。模拟自然水道的斜坡岩石鱼道可能是最有效的野生鱼类通道,而另一方面,"鱼电梯"和"捕鱼卡车"的运作却只能帮到很少一部分洄游鱼类。任何没有配置野生动物通道的大坝都可能给物种的多样性带来严重影响。

附录 C

环境流量的背景信息

  维持重要的生态系统服务功能所需的流量被称作环境流量。本书中采用了大自然保护协会（2006）对环境流量的定义：

  环境流量是指为维持人类赖以生存的水生态系统的组成、功能、过程及恢复力所需的水质、水量及发生时机。

  该定义的范畴比较广泛，包含了地表水和地下水系统，并且强调了人们维持下游生态系统服务的必要性。水资源可通过两种主要方式服务于环境：①从储水中释放特定数量的水资源；②限制从水资源系统中取水。前者被称作"积极管理"，而后者则是"约束管理"（Acreman and Dunbar，2004）。前一种方法通常只对受调节河流系统中具备环境用水配置功能的水库可行❶；后一种方法对受调节或未受调节系统及地下水都广泛适用。这种方法也认可生态系统在为人们提供服务（使用价值）方面的重要性。

  人们对环境及社会事务纳入大坝决策中的认可度和整合度在不断提升。最初，决策制定只由工程师主导，但是在过去 40 年里，对决策的制定已经扩大到由经济学家、环境学家、社会科学家及上游拆迁人群共同决定。最近，决策制定增加了对下游生态系统和社区的关注度（图 C.1）。

  环境流量对河流系统管理非常重要。虽然面源和点源污染、引入外来物种、滨河地区退化及水生栖息地的消失都能影响生态系统提供的服务，但因为许多的生态系统功能都依赖于河流流量，因此，流量才是影响因素的核心。一位水生生态学家将流量比作"在河流中谱写模式和进程的艺术大师"（Walker et al.，1995；Postel and Richter 于 2003 年引用）。流量主要以四种方式影响水生生态系统（Bunn and Arthington，2002）：

  （1）塑造浅滩、水塘、岛屿、沙洲及洪泛平原等自然栖息地。流量的变化会导致河道及洪泛平原栖息地出现大规模变动，由此影响支持多样化水生群落所需的自然多样性。

  （2）影响生命周期过程。许多水生物种在不同的生命阶段需要特定的流

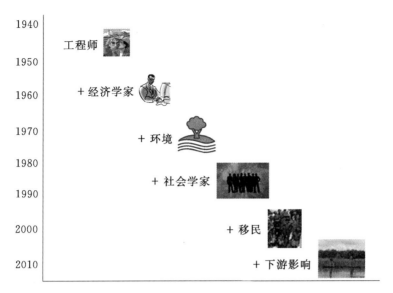

图 C.1　大坝规划实践的演进历程

量条件，例如繁殖。

（3）改变生物的移动性。许多物种在他们的生命周期中需要在上下游间移动或从河流向洪泛平原移动。对不同栖息地间的联系产生破坏的流量变化会限制生物的移动性。

（4）制造有利于外来物种入侵的条件。

除"环境流量"外，有时也会使用其他术语。这些术语中有些揭示了早期环境流量概念的局限性：

（1）使用旁通流量来描述从大坝下泄流入基汉西下游峡谷生态系统的流量。

（2）使用下泄流量来形容印度河在科特里大坝处的流量，以达到制止盐水入侵，适应渔业和环境可持续性的要求，维持河道的正常工作。

（3）使用最小流量来形容可以维持河流连通性（特别是鱼类洄游）的河道剩余流量，但这只是需要维持的河流流量的一部分，现在已经极少看到仅包含最小流量的环境流量的案例。

（4）河道内流量是指维持河道内生态系统服务功能所需的流量，但该流量不包含十分重要的溢出河道的洪泛平原流量。

（5）环境用水配置用于描述仅为生态环境分配的水资源，这些流量常常从大坝或储水中进行分配。

（6）生态储水最初在南非用来表示分配给下游以保持其生态功能的水资源❷；但是，储水是指在水库或蓄水池中储存的水，因此环境用水能够通过取水和排水进行调控。

（7）自然流量是指模拟河道自然流态变化情况的环境流量；实际上，环境流量与自然流量存在偏差，环境流量仅仅是维持起到重要作用的某些流量的组成部分，而其余被认为对河流生态系统影响不大的组成部分可以排除在外，进而被用于满足生产发展需求。

（8）剩余水量是指没有生态系统价值的流量组成，可在不带来环境成本的基础上被用于人类消耗或其他目的；实际上，流量的所有组成部分均可以提供一些生态功能。甚至流向海洋的流量也并不是浪费；它们可以为河口和近海地区提供营养物质，促成鱼类和无脊椎动物的产卵，并形成自然栖息地。

（9）补偿流量这一说法在 1986 年南非和莱索托间签订的莱索托高地水利工程条约中出现。这个术语很容易引起混淆，因为它后来也被用于描述为补偿由于取水工程带来的利益而损失的下游流量。

但是，包括环境流量在内，没有一个术语突出了该类流量的社会和经济重要性。这会让人误解为是环境而非依赖于环境的人们从环境流量中获益。

无论是在流域规划还是项目层面的水资源配置决策中，科学知识都是核心要素，它们提供水生生态系统对流量、发生时机及持续时间变化响应的相关信息；由于生态系统对流量变化的响应基本都是非线性关系，所以这个信息至关重要。因此，减少自然流量的一部分并不一定会使生态产出减少。将洪水流量峰值减半并不会使泥沙运移量减半，而将漫滩流量减半也不会造成洪泛平原的淹没面积减半（Gordon et al.，2004）。除非这些关键阈值定义不准确，不然人们可能会发现，在达到阈值前流量的变化并不会带来显著影响，直到达到阈值后，生态系统的功能才会急剧下降。

科学认识对理解地表水文学和水文地质学、因气候变化产生的可利用水资源量的变化、水质和流量变化之间的关系、土地利用变化对径流特征的影响等方面都至关重要。

关于生态系统响应的科学认识通常没有成型或没有得到充分量化，这种情况在发展中国家尤其明显。关于植被、鱼类或鸟类对不同的流量和其发生时机的响应的传统认识可以提供有价值的信息（方框 C.1），并可用于补足数据和科学认知中缺失的部分。

方框 C.1

洪都拉斯帕图卡河对传统知识的利用

在大部分国家的水力发电潜力尚未开发时，洪都拉斯已决定在该国最

长的河流、也是中美洲第三长的河流——帕图卡河上建造一座水电大坝。

帕图卡下游河段流经一个富有文化及生物价值的地区。河流为沿岸的卡哇（Kawaka）、密斯基托（Miskito）及佩什（Pech）社区提供了重要生态系统服务。捕鱼是当地人摄入蛋白质的主要来源；每年洪水带来的泥沙沉积提高了地势低洼农业地区的土壤肥力；河流也是当地人的主要交通方式。洪都拉斯能源部请求大自然保护协会围绕河流流态对拟建大坝在维持河流多样性和生态系统服务方面提供指导意见。

鉴于技术信息的缺乏，大自然保护协会利用河流沿岸社区衍生出的与渔业、农业及交通相关的传统生态知识作为提供建议环境流量的基础。社区居民提供的河流水位信息来源于两种途径，即河流横断面调查与历史水位标志以及各社区的手绘地图。将这些信息与其他地区信息一起进行综合处理，由此开发出关于流量和重要鱼类之间相关关系的概念模型。上述信息结合对历时30年的日径流数据进行的水文分析，共同为环境流量评估奠定了基础。

来源：大自然保护协会及自然遗产研所。
http：//www. nature. org/initiatives/freshwater/files/final _ patuca _ case _ study _ low _ res _ new _ logo. pdf。

与水资源开发组织相比，受到流量变化影响的下游居民常处于无组织并且无实际参与能力的状态。并且，他们的传统用水权利又常常未在法律中得到认可。因此，通过以下途径在流量决策中将河流与居民的关系以及下游居民的需求包含在内十分重要：

（1）明确下游居民的目标和对河流的依赖性。

（2）量化流量组成及与下游居民目标之间的关系。

（3）应让下游居民参与改变流量组成决策的制定过程。

大多数环境流量评估方法重点对生物物理影响进行评估。只有最新的环境流量评估方法，如莱索托高地调水项目（案例14）提出的DRIFT方法才尝试系统性地量化与生物物理相关的社会影响（King，et al.，2003）。诸如DRIFT一类的方法明确了居民对流量的依赖并量化了流量与居民目标之间的关系。但是，利益相关者在水资源配置决策中的参与程度既由水资源（有时也包括环境）政策及法律决定，同时也由电力设施和惯例决定。在许多发展中国家，下游居民（包括与传统水权相关的居民）没有参与决策制定的传统并且没有话语权（Hirji and Watson，2007）。

注释

❶　在一些特殊情况下，城市及灌溉用水的返还流量可能会故意排向某个用水系统，但是这些用水的环境产出很难管理，并且极少使用。

❷　在南非法律中，生态储水与满足人类基本需求所分配的社会储水是不同的（案例3）。

附录 D

国家水资源援助战略中的水环境问题

本附录梳理了世界银行水资源援助战略中 17 个国家和地区的水问题：孟加拉国、中国、多米尼加共和国、东亚及太平洋地区、埃塞俄比亚、洪都拉斯、印度、伊朗伊斯兰共和国、伊拉克、肯尼亚、湄公河地区、莫桑比克、巴基斯坦、秘鲁、菲律宾、坦桑尼亚、也门共和国。

孟加拉国

孟加拉国是一个比其他国家更依赖于水生态系统服务而生存的国家。世界银行水资源援助战略在认识到孟加拉对恒河和雅鲁藏布江的严重依赖性后得出了上述结论。渔业生产受到旱季流量减少、重要水生栖息地消失、迁徙路线中断的威胁（孟加拉国农村地区有 80％依赖于水生资源）；西南地区水资源短缺；申达本生态系统不断恶化；水系长度因为流量的减少而锐减（从 1730 年冬季的 8500km 通航水道锐减到现在的 3800km）。

这些对下游不良影响的出现，部分来源于孟加拉国和印度的开发活动。恒河水资源协定为孟加拉国提供了一个稳定的框架，在这个框架内孟加拉国可以开始规划并开发其主要河流，特别是在格莱河（Gorai River）上的扩建工程有希望得以实施。但是这样做也有风险。格莱河扩建工程并没有充分考虑恒河水量过低对格莱河水系的影响，这可能会减少对格莱河水量的供给。另一个值得关注问题是法拉卡（Farakka）闸的运行引起了水文曲线剧烈的退水过程，这导致出现了残余的沙洲和湖泊而阻碍了水流的自由流动。

世界银行水资源援助战略提出了一项世界银行参与计划，其中包括全面评估恒河开发活动对人类和环境的影响，为确定环境流量奠定科学基础。世界银行水资源援助战略认为，科学评估环境流量可极大地推进上下游沿河国家的相互理解，从而有利于制定共同开发河流的共享协议。

中国

世界银行水资源援助战略坦言中国没有极大地发挥世界银行参与作用，而中国本应该更充分地利用世界银行的技术能力。世界银行给出的其中一项建议是中国应采用世界银行资金来解决河流、湿地、湖泊及沿海水域的生态系统恢复等水资源环境问题。

世界银行水资源战略指出，过度开采地下水（特别是在海河流域）以及对地表水的过度开发利用已导致中国北方大部分地区环境流量不足。而且中国大部分地区的地下水及地表水污染加剧，这些都引起了水资源量的减少，对淡水及沿海水生态环境带造成破坏。从更广泛的意义上讲，中国需要保护并恢复环境，否则环境恶化会对中国人民的生活质量造成巨大的负面影响。

世界银行水资源援助战略提出了 6 项援助主题，其中两项与环境流量相关。首个主题便是改进环境用水管理，这包括国家级流域综合规划指南，其中包括保障向国家重要生态地区供应环境流量。第 6 个主题主张加大对新建水资源基础设施的投资。尽管提倡优先考虑恢复受损水体，但是世界银行国家水资源援助战略并没有提出要为保护下游环境来设计这些新建基础设施。

2002 年版《中华人民共和国水法》包含了为生态环境修复及保护进行水资源分配的条款。世界银行建议在中国法律修订及实施中给予援助。世界银行水资源援助战略强烈主张重视环境流量，并提议中国在这一领域借鉴世界银行积累的专业经验。

多米尼加共和国

多米尼加共和国在水质、洪水及流域退化等方面存在非常严重的问题。

该国没有水资源政策或战略，且现行水法也需要修订。世界银行水资源援助战略着重解决上述问题，并提出世界银行可以协助其进行流域保护以及修订水法。虽然世界银行水资源援助战略提到该国在水资源配置等方面确实存在问题，但是除流域侵蚀带来的泥沙淤积外没有提到上游开发对下游的影响。

该国正在寻求建设大坝等基础设施的资金，但是没有提到为控制上下游的影响而采取的措施。

东亚及太平洋地区

该地区的世界银行水资源援助战略明确提到了上游水资源利用对下游产生的影响。这个地区的案例，包含塔里木河流域（案例17）及湄公河流域（案例7），都将环境流量纳入发展援助计划。

世界银行水资源援助战略同意世界银行再次投资东亚及太平洋地区的水资源基础设施，但是质疑政府倡议及流程的合法性，包括是否充分考虑环境影响。该战略描述了利益从下游用水户转移到上游用水户的过程，但是没有采用环境流量等术语。

该地区的世界银行水资源援助战略提出了援助的七大主题。第一主题是保护环境，维持土地及水资源基础，这要求制定流域水资源规划，其中包括保护河流及海岸地区，维持生态重点地区的环境流量。该地区还从未进行过类似工作，但是这种状况正在发生变化，塔里木河流域和湄公河流域的案例就是有力的证明。第三大主题是维护现有水资源基础设施和新建基础设施。虽然该主题没有具体提出对环境流量的需求，但是显然开发建设活动必须提升对环境的保护并满足社会需求。

埃塞俄比亚

埃塞俄比亚水资源援助战略几乎没有提到环境流量问题。但这份战略计划提到了城市化过程、工业和服务业的发展都增加了水资源的额外需求，使水质恶化、水量减少并对下游用水户和环境造成严重的负面影响。

埃塞俄比亚水资源援助战略，与能源战略、水利部门发展计划共同推动水电和多目标开发。只顺便提及了对下游的影响："水力发电的下泄水量必须考虑灌溉需求，所有活动都必须遵守环境流量等要求"。

洪都拉斯

洪都拉斯水资源援助战略尚未完成。该战略草案指出：水资源基础设施需要符合联合国千年发展目标的要求，并且基础设施开发需要依靠良好的环境管理来确保可持续性。但是，该国缺乏确保这些开发活动的可持续的能力，并且也没有出台任何水资源政策或修订水法。洪都拉斯的水资源援助战略没有将环境流量纳入项目评估和新水资源法律政策。

印度

虽然环境保护及恢复在印度水资源管理中处于重要地位，但该国的水资源援助战略主要强调的还是政府机构的管控。印度国家水务机构采用的方法仍然以政策指令的强制方法为主，尚未升级为现代化的以激励、参与、权力下放及环境可持续性为基础的现代方法。由此印度水资源援助战略提到：水资源管理者忽视了不断累积的"环境债务"（包括消失的湿地和污染的河流及含水层）。

印度水资源援助战略承认，需要更多的蓄水来保障水资源安全，特别是在面临气候变化的情况下，但是这也意味着更多的管理责任。大坝在印度境内依然被视作一种解决方案，而没有意识到这是牺牲下游用水户的利益而解决上游的问题。印度水资源援助战略认为，新的投资必须更加慎重的保护下游用水。管理者还需要注意保障现有及历史环境用水的可靠性。

不像其他国家，印度的水资源援助战略并没有提及世界银行参与水务部门管理的策略，而是提出了 12 条指导印度政府的水资源管理的规则。印度水资源援助战略中已经增加了水资源援助的内容。在印度水资源援助政策筹备的讨论中，人们强烈支持世界银行重新全方位参与水资源相关问题，并就政府加强对传统基础设施的重视和管理达成一致。

伊朗伊斯兰共和国

水资源援助战略将伊朗水管理评价为"未进化的"。尽管水资源政策和法律都要求在流域层面上进行管理，但流域机构的数量还没有确定。因此，现在还没有出现呼吁进行流域水资源配置或环境用水量配置的声音。

但是，该国的水资源援助战略表示，人们认识到大坝的建设将导致用于水生生态系统的水量减少。现在该国还没有保护下游环境的指南或要求，但是该战略建议应建立体现社会公平的环境标准，以缓解水资源开发的负面影响。

世界银行水资源援助战略指出伊朗需要进行培训和能力建设，包括对于水资源及环境的理解和认识。

伊拉克

伊拉克水资源援助战略分析了由于环境流量造成的损失，其中重点分析了幼发拉底河的情况❶。环境流量问题导致幼发拉底河和底格里斯河交汇处的美索不达米亚湿地的退化。幼发拉底河流量有 94％ 来自土耳其，其他 6％ 来自叙利亚。两个国家都在源头开发了大型水电站，拦截了超过 50％ 的水量。未来实施的灌溉计划将会拦截更多水量。伊拉克水资源援助战略指出，广泛的灌溉开发对水质产生了重大影响，并导致湿地退化。环境流量不仅仅是数量问题，正如淹没湿地需要大量的水一样，时机也是淹没的重要因素。

伊拉克水资源援助战略没有详细说明环境流量需求，但是明确为保证环境及通航要求要保障河道内流量。伊拉克在幼发拉底河上建造的水力发电项目与跨境协议有直接联系。这些问题需要通过跨界技术来管理流域层面的最优生态流量。

该国大部分水资源基础设施存在老化甚至危险问题。由此，该国水资源援助战略将修缮这些基础设施视作优先事项。战略中没有提到修建新大坝的计划，也没有提到在修缮的大坝下游实施环境流量的可能性，甚至环境流量非常重要的跨界案例中也没有提及生态流量。

最后，伊拉克水资源援助战略将新的水政策和政府管理作为优先事务，但对于新政策的内容几乎没有详细说明。

肯尼亚

在肯尼亚水资源援助战略中，除了承认现有大坝和至少一个灌溉方案造成了下游环境及社会问题外，几乎没有提及环境流量问题。这些问题包括捕鱼量减少、精神价值的损失、未提前告知的高流量带来的危险，这些都是糟糕的基础设施规划带来的后果。肯尼亚水资源援助战略呼吁上下游社区积极参与新开发活动的筹备，提高参与度。

肯尼亚 1999 年水务政策将流域作为水资源配置和管理的基本单元。但是这种想法还没有付诸实践。2002 年的水法确定了保护人类基本生存和生态系统需要的环境需水量的必要性。但是这项规定没有得到贯彻实施。

湄公河地区

跨界水资源援助战略指出，目前湄公河地区的开发行动涉及的各国还没有充分的合作，而且存在社会及环境风险。水电开发潜藏着巨大潜力，并且将会减少洪水水量和增加旱季流量。湄公河下游干流的大坝会阻碍鱼类的迁徙。但是该文件指出，实现湄公河水资源可持续发展还是有可能的，还可以同时避免或减少对其他沿河国家利益和重要环境及社会价值的负面影响。

虽然环境流量条款的地位下降到了指南级别（案例7），但该文件对环境流量问题展现的极大兴趣仍是一个积极的现象。

《湄公河水资源伙伴行动和对话优先框架协议》（由世界银行水资源援助战略提供支持）应包含在亚太的项目中，这些项目应促进环境方案实施，并促进干流的环境和社会保障。总的来说，湄公河区域水资源援助战略指出了开发活动对下游环境的潜在影响，但并没有建议具体行动来避免这些问题。

莫桑比克

莫桑比克水资源援助战略肯定了提供生态需水的重要性，并呼吁在每个流域设定环境用水要求。莫桑比克面临的主要环境问题（和机会）来自卡霍拉·巴萨大坝对下游的影响，因为建于1975年的大坝在当时没有任何环境流量规定。这导致下游的渔业减产，马罗姆（Marromeu）湿地、其他三角洲及河边森林发生重大退化，洪水过程逐渐消失，农业受到影响，河口捕虾业、渔业也出现萎缩等情况。莫桑比克水资源援助战略提出，卡霍拉·巴萨大坝的所有权的变更将为修改大坝的运行规则提供了机会，以便考虑下游环境及社会。

为实现综合水利效益，拟在姆潘达恩库瓦（Mphanda Nkuwa）和卡布拉巴萨（Cahorabassa）北部的赞比河上修建新大坝，邦格河也拟建新大坝向贝拉（Baira）供水。邦格河大坝需要提供下游环境流量，以防止咸水入侵三角洲，赞比西河上新的开发项目也将为重建的下游生态系统提供流量。

莫桑比克水资源援助战略指出，莫桑比克需要建设水资源综合管理能力，包括水文及环境方面的监管能力。

巴基斯坦

虽然在巴基斯坦，盐度被认为是主要的水环境问题，但流量问题还是巴基斯坦水资源援助战略的焦点，特别是印度河三角洲。印度河三角洲因为多种原因而退化，包括淡水资源的减少及伴随的沉积物和营养物的减少。巴基斯坦水资源援助战略中指出"提供环境流量可在一定程度上维持三角洲的环境"，但是环境流量补给的水量和时机的研究还尚未完成。

湿地也受到洪水减少的严重威胁；塔贝拉（Tarbela）和孟加拉（Mangla）的上游所建的基础设施是主要原因。河堤阻断了洪泛平原和河流间的联系，也造成洪水泛滥期间河流缓冲能力消失。

巴基斯坦还需要修缮大量老旧基础设施和建设新的基础设施。然而，在基础设施投资中，没有涉及保护或恢复下游环境等内容。

巴基斯坦水资源援助战略务实地聚焦其所面临的主要问题，而提高流量以恢复印度河口的生态系统是该文件明确主张环境流量的唯一活动。

秘鲁

秘鲁水资源援助战略并未提到环境水问题。虽然提到了 2002 年通过的一套环境政策，但是目前还不清楚这些政策中包含的具体内容。秘鲁面临的主要水问题包括：饮用水安全问题，干旱的沿海地区如何获取充足水资源供应问题，体制改革的问题。对该国而言环境水问题似乎并不重要。

菲律宾

菲律宾水资源援助战略很早就提到"菲律宾面临过度开采地下水（特别是在大城市及周边地区）和地表水过度开发利用的问题，这导致主要流域及次级流域的环境流量不足"。这份战略认为：需要对水资源进行规划、开发及管理，为生态保护和维持环境提供保障；应当为河流和沿海地区的环境流量以及重要生态区域制定水资源规划；应确定含水层的环境需水量。

虽然文件还指出，需要新建水资源基础设施以及更好的管理现有基础设施，但对具体要求缺乏详细说明，也未提出确保将环境流量纳入这些项目的规划。

世界银行在制定菲律宾水资源援助战略时，曾援助该国流域管理项目。世界银行建议其支持的流域管理项目应包括环境可持续性内容，包括保障河流和沿海地区的环境流量。

坦桑尼亚

坦桑尼亚水资源援助战略阐述了农业及水利开发期间对环境流量问题的忽视所导致的一系列下游问题，特别是在鲁菲吉流域出现的问题。2002 年国家水政策包含了关于环境流量的要求。然而，坦桑尼亚没有建立环境流量的标准或指导方针，尽管已经设计了一个培训水资源工作人员进行环境流量评估和实施的方案，但尚未实施。

该国水资源援助战略认为，水资源规划和管理方面的培训应作为世界银行参与援助的内容。另外，该国还需在各部门机构间建立关于环境流量重要性的共识。

也门共和国

自 20 世纪 90 年代中期以来，也门共和国一直在应对水资源短缺问题，改革其水资源管理部门。因地下水利用缺乏相应管理，该国农业及农村用水均面临短缺问题。该国特别关注现有使用率下的地下水水量的可持续性问题，但却未提及任何由于水位下降所带来的环境影响。地表集水区问题主要是流域退化，以及上游取水及污染给下游居民带来的影响，但是文件并没有明确地单独提出环境问题。

世界银行水资源援助战略批评了也门国家水务部门战略投资计划，并指出了一些遗漏和不足之处。但都没有包含环境可持续性问题。该战略认为，世界银行应投资于流域管理项目，以平衡上下游水资源利用，并应在当前框架内支持流域规划。

世界银行水资源援助战略未提到地表水或地下水环境流量问题，这一现象也反映了其更加重视水量和公平问题。

注释

❶　美索不达米亚湿地现在的面积只占到原有面积的 10％左右。除上游蓄水及引水外，政府还设计了工程来排干这些沼泽。

附录 E

国际组织及非政府组织的环境流量计划

为帮助发展中国家实施环境流量评估，保护和恢复这些国家的生态系统健康，许多著名的国际组织、保护类非政府组织和研究机构❶都实施了一系列行之有效的援助活动，包括向基础设施项目提供长期的环境流量评估技术援助，为流域下游出现流量问题的项目提供技术援助和资金援助，培训技术人员，向水资源专家和环境专家提供基础资料等。

基于世界银行在环境流量研究方面积累的丰富经验、强大竞争优势和较高的国际地位，世界银行现在已经在国际、地区和流域等多个层面与许多部门发展了合作伙伴关系。大自然保护协会和自然遗产研究所还专门为世界银行编制了一份技术指南，以此为水利大坝规划、设计及运营中涉及的环境流量问题提供指导，最大限度地保障工程项目的环境经济效益，该指南目前已经独立出版。世界银行还与自然遗产研究所和全球环境基金合作，对现有水利工程重启的可行性进行评估，旨在提高重启工程的环境经济效益。本节附录详细介绍了各个机构开展的与工程相关的环境流量工作，由此向世界银行工作人员说明已开展工作的合作类型以及介绍后续合作的潜在机会。对于如何评估各个机构的环境方案带来的影响，本节附录不过多赘述。

国际机构和非政府组织提供的环境流量援助主要是集中在现有水利工程的重启层面，即为河流规划和项目实施中的重启工程项目提供环境流量评估援助。这些机构同时还在全世界范围内进行环境流量相关的培训，部分机构还制作了环境流量相关的宣传材料，旨在普及环境流量知识。具体的援助措施包括印刷材料和电子文档宣传，构建数据库，发布实时环境流量资讯，构建专业网站等。

虽然世界银行已经与许多专业的国际非政府组织合作并编制了一系列行之有效的顾问文件，但是世界银行与国际组织的合作空间还有很大的提升空间，尤其是要将各个组织在环境流量评估中积累的经验与世界银行长期进行的培训结合起来，这些伙伴机构与非政府组织的联络信息见本节附录末尾。

国际机构和非政府组织一直是环境流量研究援助的主力军，他们积极投身到政策改革、流域及集水区规划、基础设施建设和重建的环境流量评估中去，为发展中国家的环境流量评估工作提供了大量援助。

E.1　政策与法律

少数国际非政府组织还参与了一些国家的环境流量政策和法律的制定，如在印度境内喜马拉雅山脉东麓，世界自然基金会正在开展的一项关于环境流量范围界定的研究工作，这项研究将提供一个平台，促进在政策层面整合环境流量概念。世界自然保护联盟也曾在哥斯达黎加新水法提议期间，普及环境流量概念，世界自然保护联盟旗下的专家组随后还参与了新水法的筹备工作。自然遗产研究所是加利福尼亚法律的制定者之一，致力于将现有的灌溉和市政等多种水权重新分配到环境流量中，目前，环境水账户——环境专用水区已经成为加利福尼亚地区最大的水资源买主。

E.2　流域规划

在流域规划层面，各大国际机构和非政府组织都致力于发挥自身的影响力，援助环境流量的普及和推广工作。

世界自然保护联盟通过"水与自然"倡议活动，资助了中美洲、东南亚和东非国家的环境流量研究，其中资助的坦桑尼亚潘加尼河流域的环境流量评估工作，极大地推动了该流域的环境流量发展，为赞比亚的水资源法案提供了背景支持。世界自然保护联盟在哥斯达黎加滕皮斯克河流域开展的环境流量评估示范工程，启发了哥斯达黎加萨格雷河进行环境流量评估工作（Jiménez et al.，2005）。

世界自然基金与美国国际开发署合作资助的"全球可持续用水计划"正在肯尼亚及坦桑尼亚交界处的玛拉河流域实施，旨在指导两国相关部门开展环境流量评估工作，保障马萨伊马拉国家自然保护区（Masai Mara National Reserve）及塞伦盖蒂国家公园（Serengeti National Park）的流量需求，尤其是旱季流量需求。此外，世界自然基金会和丹麦国际开发署在鲁阿哈流域发起了一项环境流量评估倡议，制定了明确的计算环境流量的方法和执行方案，以支持黑塞哥维那的内雷特瓦河（Neretva）流域环境流量评估工作。

联合国开发计划署作为全球环境基金的执行机构，计划在奥兰治-森克河流域（博兹瓦纳、莱索托、纳米比亚、南非）和奥卡万戈河流域（安哥拉、纳米比亚、南非）（方框E.1）这两个流域开展环境流量评估工作，环境流量评估目前是作为环境基金国际水项目中的跨界诊断分析部分开展实施的。联合国开发计划署还计划在约旦扎尔卡河流域开展环境流量评估工作，将环境流量评估概念引入到流域综合管理部分。

方框 E.1

奥卡万戈河流域中的流量

奥卡万戈河流域位于安哥拉、博茨瓦纳及纳米比亚部分地区，是非洲大陆上最接近自然状态的流域。奥卡万戈河流域是一个大型的内陆三角洲，由一个大型的常年性沼泽、一个季节性淹水沼泽、一个季节性淹水草地、多个间歇性淹水土地和多个旱地组成。该地的洪水主要来源于安哥拉流域上游的降雨。流域内部有超过150000个规模迥异的岛屿，长度从1m到1万m不等。

内陆三角洲为生物群提供了独一无二的栖息地，这里有非洲最大的散养南非水牛、斑马、羚羊及大象，还生长着2000~3000种植物，生活着超过65个鱼种，超过162个蛛形纲动物及超过650种鸟类。丰富的生物资源使该地的生态旅游业发达，据统计，生态旅游业是紧随钻石产业之后博茨瓦纳的第二大重要经济产业。

目前，奥卡万戈河上游已确定了几个水力发电的潜在地段，流域内也划定了几个用于灌溉取水的潜在位置。早在20世纪80年代期间，博茨瓦纳政府曾提出了一个水资源开发项目，以期将三角洲的水资源用于采矿、农业及畜牧业生产中，由于这个项目自身和规划设计过程中存在种种缺陷，并未获得通过。

时至今日，随着经济社会发展步调的加快，为解决区域经济社会发展不均的矛盾，奥卡万戈河流域面临着前所未有的水资源开发压力，如何在水资源开发的基础上保障环境流量，维护流域的生物多样性是当前奥卡万戈河流域管理面临的首要难题。

为应对不断上升的发展压力，解决水资源开发过程中面临的挑战，基于流域和谐程度和政权稳定性增加的大背景下，该区域构建了促进联合规划的机制框架。同时流域内的三个沿河国家于 1994 年建立奥卡万戈河流域水资源委员会（OKACOM），旨在推动协调发展，保障水资源开发过程中的环境可持续发展和满足沿河各州市的合法社会经济需求。关于水资源的具体分配方案主要由奥卡万戈河流域水资源委员会下设的秘书处负责。但是，在水资源开发前，该地还需要严格评估奥卡万戈河流域的环境流量需求。

来源：http://www.okacom.org。

联合国环境规划署的全球行动纲领为孟加拉国制定了一个开展环境流量评估的草案。这项草案已在班克哈里河橡胶坝进行试点，草案要求该橡胶坝要兼顾灌溉用水需求和旱季鱼类通行的流量需求，以此增加渔业产量。

国际水资源管理研究所一直致力于推动河流流域环境流量评估工作，尤其是在亚洲地区，该研究所长期与世界自然保护联盟和越南政府机构密切合作，在越南香江河流域开展环境流量评估工作（IUCN Vietnam，2005）。但是，该所提供的援助主要集中在环境流量概念普及度层面，援助内容还有待丰富。国际水资源管理研究所还将大自然保护协会计算生态流量的变动范围法应用到了尼泊尔东拉布蒂河流域中的三条河流上（Smakhtin，et al.，2006）及斯里兰卡瓦拉维河流域中去（Smakhtin and Weragala，2005）。但是，限于缺乏生态数据和天然流量状况的高度不确定性，变动范围法难以普及应用。国际水资源管理研究所还利用南非桌面方法评估了印度各大河流的环境流量，包括高韦里河、克利须那河、哥达瓦里河、纳尔默达河、莫哈纳迪河（Smakhtin and Anputhas，2006）。

基于这些方法的应用案例，研究人员发现，如果不仔细考虑环境流量评估方法的背景、计算思路、计算目标和限制条件，很难将一个研究区域的评估方法照搬到另一个研究区域。

在 20 世纪 90 年代初，世界自然保护联盟和国际湿地公约秘书处共同合作了一个湿地项目，项目要求在保障当地人民生产生活用水的基础上，最大限度地维持湿地生态功能。这个湿地项目的初衷虽然不是服务于流域规划，但是却潜在地推进了流域层面的水资源分配规划工作。虽然实施这个项目的时候并未引入环境流量这个概念，但是纵观此项目的实施内容，将其涵盖在环境流量实施方案中恰如其分。

E.3 基础设施的恢复重建及再优化

自然遗产研究所是专门负责灌溉系统、发电和洪水管理系统的升级优化，保障用水平衡的部门。（附录 B 归纳总结了保障环境流量基础设施的设计特征）。再优化运行技术是指通过经济优化模型、地表水和地下水综合管理模型，灌溉损耗用水减少措施和水利工程整体重新规划等方式，在不显著降低生产效益的基础上，提高水资源利用率，减小水资源消耗量。中国的长江、黄河和珠江流域，尼日利亚的哈代贾-恩古鲁的湿地生态系统，加纳境内沃尔塔河下游的阿科松博和凯蓬大坝都在酝酿该类示范项目。

自然遗产研究所目前正在协助加利福尼亚中部峡谷地带的地表水及地下水优化工作，旨在为该地提供更多的环境用水，同时该机构还在开发提高农业用水效率的措施，以期将节约下来的水用于恢复受损环境。

与此同时，自然研究所还在与全球环境基金执行机构共同合作，致力于协助发展中国家的现役大坝的重启优化工作。他们还共同合作了一个概念项目，将加纳及尼日利亚的两个大坝作为重启优化试点工程，力图在维持水力发电效益的基础上提高用水效率、维护环境流量。

针对巴西境内巴拉那河（Parana River）26 个大型水库出现重大变更的情况，联合国教科文组织立足于生态水文学，调整了波尔图普里马韦拉（Porto Primavera）大坝的重启程序，协助恢复该河的生态系统功能。这个项目在当地饱受好评，因为这个项目的实施不仅没有造成水力发电的经济损失，还保护了河段的生物多样性，提高了当地居民的收入。

大自然保护协会一直致力于基础工程重启优化项目，并与美国国内大坝运营者保持紧密协作，通过调节排水形式，修复河流系统和湿地。该协会还与美国陆军工程兵团达成合作关系，通过适应性管理调整美国全境 13 个州 26 个大坝的水库环境流量保障方案，这些方案都是采用调节流量的排放时间、不增加流量排放量的形式，以此达到节约大坝运营成本的目的。

在大坝环境流量维持方面，大自然保护协会正在莫桑比克对赞比西河管理局进行援助，帮助其维持卡里巴（Kariba）湖及卡布拉巴萨（Cahorra Bassa）水库的环境流量，恢复河流生态系统健康。世界自然基金会也曾与赞比亚政府相关部门合作，通过制定完善的大坝运营规则，模拟自然流量状态，推进卡富埃低地水资源管理，使湿地的功能得以保全，生态价值得以实现。此举意义重大，因为卡富埃低地是国际湿地公约秘书处管理下的重要的国际湿地，为后续的环境流量恢复工程做了很好的示范。

E.4　新基础设施

自然遗产研究所及大自然保护协会正在非洲、中国和拉丁美洲普及环境流量概念。大自然保护协会为此还专门针对长江上游的环境状况制定了一份综合保护计划，并与熟悉长江生态环境的世界自然基金会积极互动，在此期间，大自然协会还召开了一次会议，专门讨论保护计划的内容，此次会议也为长江上游的环境流量保护工作奠定了基础。最近，大自然保护协会还邀请三峡集团针对保护计划提出改进意见，进一步完善保护计划。

在拉丁美洲，大自然保护协会一直负责洪都拉斯帕图卡河帕图卡三期水电站的环境流量评估工作。帕图卡河通过保护自然保护区和当地涉水区域，以达到维持生态系统健康的目的。环境流量评估将为该地提供生态基础资料，达到保护重要生物及文化价值的目的。在厄瓜多尔基多，大自然保护协会也开展了环境流量相关的工作。该协会还准备应用基多模型，评估哥伦比亚及秘鲁各大河流的环境流量。

E.5　培训及能力建设

针对环境流量相关的培训工作，国际上有大量机构和非政府组织投入了大量的人力物力进行相关培训。联合国开发计划署、全球水伙伴及联合国教科文组织国际水教育学院共同开发了一个加拿大行动感知网络项目，用以提高地方、区域、国家和世界范围内的环境流量相关的水资源管理能力。现阶段，该项目已为全球 12 个地区和国家的水资源管理提供了技术支撑。南非的"水网"❷与此项目类似，也是通过发挥成员力量，制定水资源管理项目，兼顾考虑环境需水。这些项目对于保障环境流量，维持生态系统健康尤为重要。

大自然保护协会除在美国陆军工程兵团开展常规培训课程外，还常常利用国际大会的机会，进行环境流量培训，以此方式培训发展中国家的与会者有关环境流量方面的知识。

通过组织研讨会，普及环境流量意识，也是一些非政府机构常用的方法。国际水资源管理所就曾在印度召集政府部门、非政府部门和研究机构，开展环境流量全国研讨会。世界自然保护联盟也曾组织相关研讨会，帮助提高越南和柬埔寨对环境流量概念的认识（方框 E.2）。世界自然保护联盟同样在美索不达米亚流域进行过相关培训，意图建立环境流量研究的中坚力量。

方框 E.2

越南香江流域

越南香江潟湖地处越南中部香江河口，该地水资源量丰富，生态资源充沛，农业和水运交通发达，适宜发展旅游业。

香江潟湖上建立了众多的河堤、沙坝抵御洪水，大叻（Thao Long）拦河坝是其中最为著名的大坝。潟湖上的沙洲众多，主要的功能是抵御盐水入侵。Ta Trach 及 Binh Dien 大坝是潟湖上新建的两个防洪大坝。当地政府非常重视生态系统保护，但是通常都是针对流域及流域内的基础设施保护中存在的问题来寻求世界自然保护联盟和国际水资源管理研究所的援助。2004年12月，世界自然保护联盟还在胡志明市专门举办了一个环境流量评估研讨会，以提高越南的环境流量研究水平。

在胡志明市的研讨会举办之前，越南水资源管理者都是基于水文方程计算得到最小流量，以此作为环境流量，大叻拦大坝就定 31m³/s 的最小流量作为环境流量。越南的水资源管理者在环境流量研究过程中存在误区，即认为最小流量就是环境修复的主导力量。

实际上，在胡志明市的研讨会跳出了常见的水文学评估方法的范畴，引入了在不同水文情景背景下评估环境流量的方法。虽然这个方法在精确度上不能与整体法相提并论，但是它至少提高了人们立足于整体评估环境流量的意识。这个评估方法还有利于界定环境流量评估限制因素，有助于研究人员寻找限制评估的解决方法，同时这个方法还能将环境流量评估与经济社会发展联系在一起，在维持环境流量的背景下保障经济发展。

来源：IUCN Vietnam，2005。

关于环境流量的培训，很多机构都提供在线资源以供研究人员下载，大自然保护协会只提供在线的培训课程，而世界自然保护联盟还提供远程电子培训课程❸，内含专门的模块帮助决策制定者阐明保障环境流量的好处，筛选计算方法，设计拟建基础设施的流量方案等问题。

资源材料及认识

现阶段，国际组织及非政府组织制作了大量的电子及纸质资源材料，用以为发展中国家提供援助（方框 E.3）。

方框 E.3

南非的环境可持续性计划

南非发展共同体在获得南非研究及文献中心、世界自然保护联盟、瑞士国际开发合作署及世界银行的支持后，出版了一份水资源管理的环境可持续性报告。报告的内容包括水资源管理中的水生生态系统扮演的角色、环境评价方法、南非环境流量评估应用实践等。该报告是该地区进行环境流量研究的宝贵资源。

报告中列出了南非引入环境流量评估面临的十大挑战：

（1）政治意愿不足。

（2）跨国界资源政策的协调性较差。

（3）环境流量评估意识及相关培训不足。

（4）南非境内河流基础数据缺乏。

（5）体制复杂导致的制订方案的不可预测性。

（6）气候变化对径流的不可知性。

（7）缺乏监管项目。

（8）现有大坝设计的环境流量释放量与必要的环境流量释放量不匹配。

（9）需要对现有大坝的设计进行改良。

（10）需要将水资源视作有限资源。

来源：Hirji et al.，2002。

以下资源提供电子版本：

（1）由世界自然保护联盟、国际水资源管理研究所、大自然保护协会等援助机构❶成立的全球环境流量网络，此网络可作为环境流量知识和信息的参考基准。

（2）由国际水资源管理研究所及全球水伙伴提供的环境流量时事资讯。

（3）由国际水资源管理研究所成立的向社会公众提供数据的三大数据库：①世界河流流域环境流量需求估值；②水生生态系统的环境流量评估；③内陆湿地水文功能的量化。

（4）由大自然保护协会提供的流量恢复数据库，该数据库是对经调整的大坝运营、大坝移除、地下水抽取及其他河流流量的战略案例研究进行分类梳理的数据库。

迄今为止已经举办了三次大型的环境流量会议。第一次会议是在南非开普敦举办。第二次是于 2007 年在澳大利亚布里斯班举办。第三次是于 2009 年在南非举办。

联系信息

世界自然保护联盟

瑞士格兰德 Rue Mauverney 街 28 号

电话：＋41（22）999－0000

传真：＋41（22）999－0002

电子邮箱：webmaster@iucn.org

国际水资源管理研究所

总部

斯里兰卡巴塔啦木拉（Battaramulla）帕尔瓦特（Pelwatte）苏尼尔马瓦萨（Sunil Mawatha）127 号

电话：＋94（11）288－0000

传真：＋94（11）288－0000

电子邮箱：iwmi@cgiar.org

自然遗产研究所

主要办公室

美国 CA 94111 旧金山松树街 1550 栋 100 号

电话：＋1（415）693－3000

传真：＋1（415）693－3178

电子邮箱：nhi@n－h－i.org

大自然保护协会

全球办公室

美国 VA 22203－1606 阿灵顿费尔法克斯大道 100 栋 4245 室

电话：＋1（703）841－5300

网址：http：//www. nature. org

联合国开发计划署总部

美国纽约 10017 纽约市千禧联合国酒店

电话：＋1（212）906－5000

传真：＋1（212）906－5364

联合国环境规划署

肯尼亚内罗毕邮箱地址 30552，00100，吉吉利联合国大道

电话：＋254（20）762－1234

传真：＋254（20）762－4489/90

联合国教科文组织

法国巴黎 15 区 75732，路伊·米奥利斯街 1 号

电话：＋33（0）1 45 681－000

传真：＋33（0）1 45 681－000

网站：www. unesco. org

邮箱：bpi@unesco. org

世界野生动物基金会

世界野生动物基金会国际部

瑞士格兰德杜·蒙布朗 1196 大道

传真：＋41（22）364－0074

网址：http：//www. panda. org

注释

❶　生态学及水力学中心（英国沃林福德）、开普敦大学（南非）、佛罗里达国际大学是三大优秀研究机构，一直活跃于向发展中国家提供环境流量援助。

❷　http：//www. waternetonline. ihe. nl/default. php。

❸　可在 www. waterandnature. org/flow. waterandnature. org/flow 上找到。

❹　斯德哥尔摩国际水机构，DHI 水与环境、生态水文中心（CEH），瑞典水利院及荷兰代尔夫特水力学研究所。

参 考 文 献

Acreman, Michael C. , and Michael J. Dunbar. 2004. "Methods for Defining EnvironmentalRiver Flow Requirements: A Review" *Hydrology and Earth System Sciences* 8 (5): 861 – 76.

Arthington, Angela H. , and Jacinta M. Zalucki, eds. 1998. "Comparative Evaluation of Environmental Flow Assessment Techniques: Review of Methods. " LWRRDC Occasional Paper 27/98, Land and Water Resources Research and Development Corporation, Canberra, Australia.

Barbier, Edward B. , William M. Adams, and Kevin Kimmage. 1991. "Economic Valuation of Wetland Benefits: The Hadejia-Jama'are Floodplain, Nigeria. " London Environmental Economics Centre Paper DP 91-02, International Institute for Environment and Development, London.

Belt, George C. B. Jr. 1975. "The 1973 Flood and Man's Constriction of the Mississippi River. " *Science* 189 (4204): 681 – 84.

Bunn, Stuart E. , and Angela H. Arthington. 2002. "Basic Principles and Ecological Consequences of Altered Flow Regimes for Aquatic Biodiversity. " *Environmental Management* 30 (4): 492 – 507.

Davis, Richard, and Rafik Hirji, eds. 2003a. "Environmental Flows: Concepts and Methods. " Water Resources and Environment Technical Note C1, World Bank, Washington, DC.

——. 2003b. "Environmental Flows: Case Studies. " Water Resources and EnvironmentTechnical Note C2, World Bank, Washington, DC.

——. 2003c. "Environmental Flows: Flood Flows. " Water Resources and EnvironmentTechnical Note C3, World Bank, Washington, DC.

——. 2003d. "Water Resources and Environment. " Technical Note C1 – C3, World Bank, Washington, DC.

Dyson, Megan, Ger Bergkamp, and John Scanlon, eds. 2003. *Flow: The Essentials of Environmental Flows*. Gland, Switzerland, and Cambridge, U. K. : IUCN.

González, Fernando J., Thinus Basson, and Bart Schultz. 2005. "Final Report of IPOE for Review of Studies on Water Escapages below Kotri Barrage." Unpublished manuscript.

Gordon, Nancy D., Thomas A. McMahon, Brian L. Findlayson, Christopher J. Gippel, and Rory J. Nathan. 2004. *Stream Hydrology: An Introduction for Ecologists*. 2d ed. Chichester, U. K.: John Wiley and Sons.

Grey, David, and Claudia Sadoff. 2006. "Water for Growth and Development." In *Thematic Documents of the IV World Water Forum*. Mexico City: Comisión Nacional del Agua.

Hirji, Rafik, and Richard Davis. 2009a. Environmental Flows in Water Resources Policies, Plans, and Projects: Case Studies. Environment Department. Washington, DC: World Bank.

——. 2009b. Strategic Environmental Assessment: Improving Water Resources Governance and Decision Making. Water Sector Board Discussion Paper No. 13. Washington, DC: World Bank.

Hirji, Rafik, Phyllis Johnson, Pail Maro, and Tabeth Matiza Chiuta, eds. 2002. *Defining and Mainstreaming Environmental Sustainability in Water Resources Management in Southern Africa*. Maseru, Lesotho: Southern Africa Development Community, IUCN, Southern Africa Research and Documentation Centre, World Bank.

Hirji, Rafik, and Thomas Panella. 2003. "Evolving Policy Reforms and Experiences for Addressing Downstream Impacts in World Bank Water Resources Projects." *River Research and Applications* 19 (5 – 6): 667 – 81.

Hirji, Rafik, and Peter L. Watson. 2007. "Environmental Flow Policy Development and Implementation: Lessons from the Lesotho Highlands Water Project." Paper prepared for the International River Symposium, Brisbane, Australia.

Hou, P., R. J. S. Beeton, R. W. Carter, X. G. Dong, and X. Li. 2006. "Responses to Environmental Flows in the Lower Tarim River, Xinjiang, China: Groundwater." *Journal of Environmental Management* 83 (4): 371 – 82.

IAIA (International Association for Impact Assessment). 2002. *Strategic Environmental Assessment: Performance Criteria*. IAIA Special Publication 1. Fargo, ND: IAIA.

ILEC (International Lake Environment Committee). 2005. *Managing Lakes and Their Basins for Sustainable Use: A Report for Lake Basin Managers and Stakeholders*. Kusatsu, Japan: ILEC.

International Hydropower Association. 2004. *Sustainability Guidelines*. Sutton, U. K.:

International Hydropower Association.

IUCN (International Union for the Conservation of Nature). 2000. *Vision for Water and Nature. A World Strategy for Conservation and Sustainable Management of Water Resources in the 21st Century.* Gland, Switzerland: IUCN.

IUCN Vietnam. 2005. *Environmental Flows: Rapid Flow Assessment for the Huong River Basin, Central Vietnam.* Hanoi, Vietnam: IUCN Vietnam.

Jiménez, Jorge A., Julio Calvo, Francisco Pizarro, and Eugenio González. 2005. *Conceptualisation of Environmental Flows in Costa Rica. Preliminary Determination for the Tempisque River.* San José, Costa Rica: IUCN.

Kansiime, Frank, and Maimuna Nalubega. 1999. *Wastewater Treatment by a Natural Wetland: The Navivubo Swamp, Uganda; Processes and Implications.* Ph. D. thesis, Wageningen Agricultural University, Wageningen, the Netherlands.

Keeney, Ralph. 1992. *Value-Focused Thinking: A Path to Creative Decisionmaking.* Cambridge, MA: Harvard University Press.

King, Jackie, Cate Brown, and Hossein Sabet. 2003. "A Scenario-Based Holistic Approach to Environmental Flow Assessment for Rivers." *River Research and Applications* 19 (5 – 6): 619 – 39.

King, Jackie M., and Rebecca E. Tharme. 1994. *Assessment of the Instream Flow Incremental Methodology and Initial Development of Alternative Methodologies for South Africa.* Water Research Commission Report 295/94. Pretoria, South Africa: Water Research Commission.

King, Jackie M., Rebecca E. Tharme, and M. S. de Villiers, eds. 2000. *Environmental Flow Assessments for Rivers: Manual for the Building Block Methodology.* Water Research Commission Report TT 131/00. Pretoria, South Africa: Water Research Commission.

Klasen, Stephan. 2002. *The Costs and Benefits of Change Requirements (IFR) below the Phase 1 Structures of the Lesotho Highlands Water Project (LHWP).* Maseru: Lesotho Highlands Development Authority.

Ledec, George, and Juan David Quintero. 2003. *Good Dams and Bad Dams: Environmental Criteria for Site Selection of Hydroelectric Projects.* Washington, DC: World Bank.

Lesotho Highlands Development Authority. 2007. *Instream Flow Requirements Audit for Phase 1 Dams of the Lesotho Highlands Water Project.* Maseru, Lesotho: Lesotho Highlands Development Authority.

Millennium Ecosystem Assessment. 2005. *Ecosystems and Human Well-Being: Biodiversity Synthesis.* Washington, DC: World Resources Institute.

Ministry of Planning and Development, Trinidad and Tobago. 1999. *Water Resources Management Strategy for Trinidad and Tobago: Final Report, Main Report*. Port of Spain: Government of Trinidad and Tobago.

Ministry of Water and Livestock Development, Tanzania. 2002. *Project Report: The Sustainable Management of the Usangu Wetland and Its Catchment; December* 1998 *– March* 2002. Dar es Salaam: Ministry of Water and Livestock Development.

Mogaka, Herzon, Samuel Gichere, Richard Davis, and Rafik Hirji. 2004. *Impacts and Costs of Climate Variability and Water Resources Degradation in Kenya: Rationale for Promoting Improved Water Resources Development and Management*. Washington, DC: World Bank.

Murray-Darling Basin Commission. 2000. *Review of the Operation of the Cap: Overview Report of the Murray-Darling Basin Commission*. Canberra, Australia: Murray-Darling Basin Commission.

National Water Commission. 2007. *National Water Initiative: First Biennial Assessment of Progress in Implementation*. Canberra, Australia: National Water Commission.

Nature Conservancy. 2006. *Environmental Flows: Water for People, Water for Nature*. TNC MRCSO1730. Boulder, CO: Nature Conservancy.

Nature Conservancy and Natural Heritage Institute. Forthcoming. "Integrating Environmental Flows in Hydropower Dam Planning, Design, and Operations." Technical Guidance Note. Washington, DC: World Bank.

Ortolano, Leonard, Brian Jenkins, and Ramon P. Abracosa. 1987. "Speculations on When and Why EIA Is Effective." *Environmental Impact Assessment Review* 7 (4): 285 – 92.

Palmieri, Alessandro, Farhed Shah, George Annandale, and Ariel Dinar. 2003. *Reservoir Conservation: Economic and Engineering Evaluation of Alternative Strategies for Managing Sedimentation in Storage Reservoirs*. Vol. 1: The RESCON Approach. Washington, DC: World Bank.

Postel, Sandra, and Brian Richter. 2003. *Rivers of Life: Managing Water for People and Nature*. Washington, DC: Island Press.

Richter, Brian D. , Jeffrey V. Baumgartner, Jennifer Powell, and David P. Braun. 1996. "A Method for Assessing Hydrological Alteration within Ecosystems." *Conservation Biology* 10 (4): 1163 – 74.

Roderick, Michael L. , Leon D. Rotstayn, Graham D. Farquhar, and Michael T. Hobbins. 2007. "On the Attribution of Changing Pan Evaporation." *Geophysical Research Letters* 34 (17): L1740.

Scanlon, John. 2006. "A Hundred Years of Negotiations with No End in Sight: Where Is the Murray-Darling Basin Initiative Leading Us?" Keynote address, Environment Institute of Australia and New Zealand Conference, Adelaide, South Australia, September.

Scanlon, John, Angela Cassar, and Noémi Nemes. 2004. *Water as a Human Right?* Gland, Switzerland, and Cambridge, U. K. : IUCN.

Smakhtin, Vladimir U. , and Markandu Anputhas. 2006. "An Assessment of Environmental Flow Requirements of Indian River Basins. " Research Report 107. Colombo, Sri Lanka: International Water Management Institute.

Smakhtin, Vladimir U. , R. L. Shilpakar, and D. A. Hughes. 2006. "Hydrology-Based Assessment of Environmental Flows: An Example from Nepal. " *Hydrological Sciences Journal* 51 (2): 207 – 22.

Smakhtin, Vladimir U. , and Neelanga Weragala. 2005. "An Assessment of the Hydrology and Environmental Flows in the Walawe River Basin, Sri Lanka. " Research Report 103, Colombo, Sri Lanka: International Water Management Institute.

Tharme, Rebecca E. 2003. "A Global Perspective on Environmental Flow Assessment: Emerging Trends in the Development and Application of Environmental Flow Methodologies for Rivers. " *Rivers Research and Applications* 19 (5 – 6): 397 – 441.

Tharme, Rebecca E. , and Jackie M. King. 1998. "Development of the Building Block Methodology for Instream Flow Assessments and Supporting Research on the Efforts of Different Magnitude Flows on Riverine Ecosystems. " Water Research Commission Report 576/198, Pretoria, South Africa: Water Research Commission.

van Wyk, Ernita, Charles M. Breen, Dirk J. Roux, Kevin H. Rogers, T. Sherwill, and Brian W. van Wilgen. 2006. "The Ecological Reserve: Towards a Common Understanding for River Management in South Africa. " *Water South Africa* 32 (3): 403 – 09.

Walker, Keith, Fran Sheldon, and James T. Puckridge. 1995. "A Perspective on Dryland River Ecosystems. " Regulated Rivers 11 (1): 85 – 104.

Watson, Peter L. Forthcoming. *Managing the River as Well as the Dam: Designing and Implementing an Environmental Flow Policy; Lessons Learned from the Lesotho Highlands Water Project.* Washington, DC: World Bank.

World Bank. 1991. *Environmental Assessment Sourcebook.* Washington, DC: World Bank.

——. 1993. *Water Resources Management Policy.* Washington, DC: World Bank.

——. 1998. "Project Appraisal Document: Tarim Basin II Project, China. " P046563, World Bank, Washington, DC.

——. 2001a. "Improving Performance in Water Management: Bank-Netherlands Water Partnership Program Project Brief. " World Bank, Washington, DC.

——. 2001b. *Making Sustainable Commitments: An Environment Strategy for the World Bank*. Washington, DC: World Bank.

——. 2006a. "Project Appraisal Document. Senegal River Basin Water Resources Development Project. " World Bank, Washington, DC.

——. 2006b. *Reengaging in Agricultural Water Management: Challenges and Options*. Washington, DC: World Bank.

——. 2006c. "Tanzania Water Resources Assistance Strategy: Improving Water Security for Sustaining Livelihoods and Growth. " Report 35327-TZ, World Bank, Washington, DC.

World Commission on Dams. 2000. *Dams and Development: A New Framework for Decision-Making*. London and Sterling, VA: Earthscan Publications.

World Wide Fund for Nature. 2000. *Living Planet Report* 2000. Gland, Switzerland: World Wide Fund for Nature.

Young, William J. 2004. "Water Allocation and Environmental Flows in Lake Basin Management. " Thematic paper presented to Lake Basin Management Initiative, International Lake Environment Management Committee, Kusatsu, Japan.

Zhang, Lu, Warwick Dawes, and Glen Walker. 1999. "Predicting the Effect of Vegetation Changes on Catchment Average Water Balance. " Technical Report 99/12. Canberra, Australia: Cooperative Research Centre for Catchment Hydrology.